大展好書　好書大展
品嘗好書　冠群可期

主　　編　任軍
副主編　鄧斐　歐陽山蓓　李軍
編　　者　姜琳　唐玲　白彥
　　　　　沈玲　李帆　袁偉
資料整理　萬睿　周文

Beautiful breast

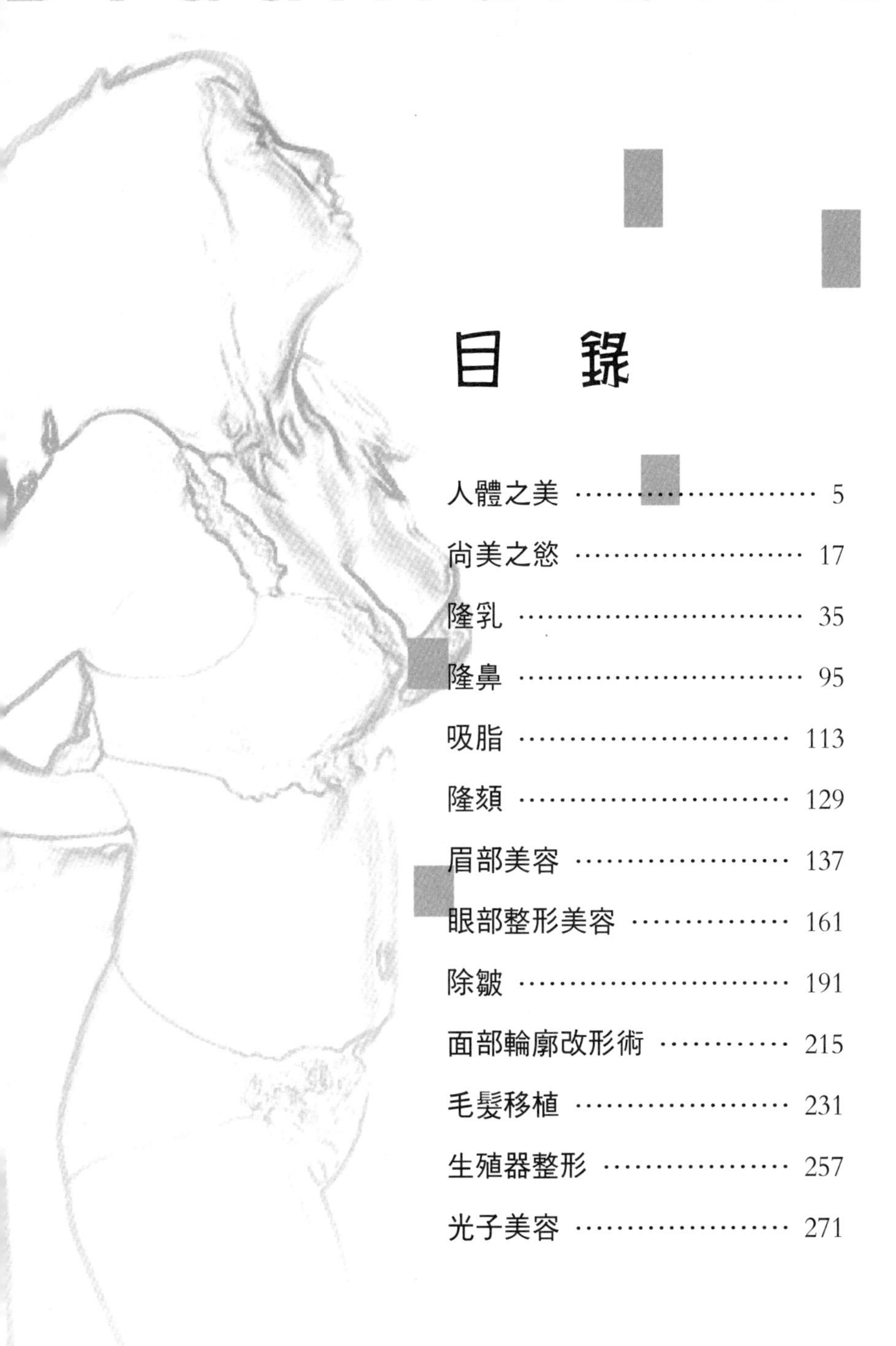

目錄

Beaut

人體之美

ul body

一、人體美的基本特徵

人體美是指人體作為審美物件所具有的美，是人體在正常狀態下的形式結構、生理功能和心理過程、社會適應等方面所表現的協調、勻稱、和諧和統一。人體美是自然美、社會美和藝術美的交叉表現，它主要是指人的形體與容貌所表現的最高形態的自然美。

1.人體是和諧統一的整體

人體在結構、生理、心理精神上是一個複雜而完善和諧統一的整體，這是人體美的基本特點。

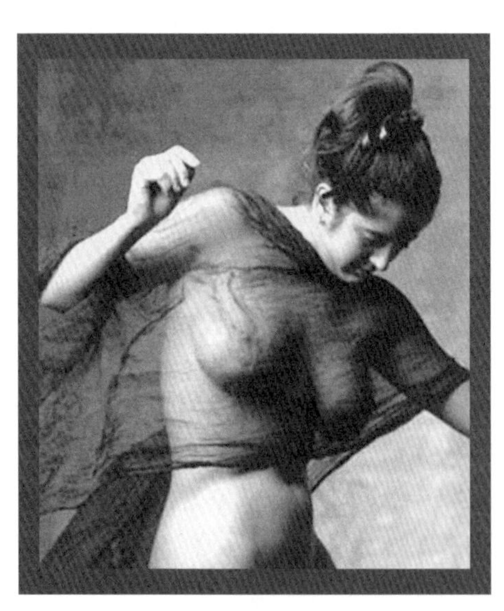

人體具有均衡的內部結構，對稱的外部形態，堅實的骨骼組合，強勁的肌肉，光滑的皮膚，靈巧的雙手，神奇的眼睛，聰明的頭腦等等。

而最重要的是，這些極其精細而又複雜的形體結構，與其生理功能、心理過程具有高度的協調、和諧與統一，完美無缺地組成一個整體。

2.人體具有均衡勻稱的形態

主要表現在：

（1）左右對稱：人體的構造佈局，在外部形態上都是左右對稱的。面部的鼻梁為中線，形成對稱的眉、對稱的眼、對稱的鼻梁、對稱的口角、對稱的牙齒、對稱的頰、對稱的耳；胸部以胸骨為中線，左右對稱、對稱的乳頭、對稱的乳房；背部以脊柱為中線，形成對稱的雙肩、四肢等等。

人體的左右對稱，給人以整齊、沉靜、和諧的感覺，對稱是人體美的重要特徵之一，倘若人體一旦失去對稱，則必定失去美感。

（2）比例均衡，體形勻稱：人體美的另一個整體特徵是各局部與局部，局部與整體之間具有一定的比例關係，符合比例美的原則，從而達到人體特殊的和諧性、平整性和完美性。

例如：頭長為身高的 1/8，肩寬為身高的 1/4，平伸雙臂等於身長；兩腋間的寬度與臂相同，乳房與肩胛骨下端長同一水平線上，臉寬等於大腿正面寬度，人跪姿時高度減少 1/4，臥倒時為 1/9。如果這種比例關係一旦失調或遭到破壞，則導致人體美的減弱或消失。

一個體形勻稱的人，其身高與體重應該相稱，身體各組成部分應具有適宜的比例關係。

國人身高與體重的理想比例為：

成年男子體重＝（身高－80）×0.7（千克）

成年女子體重＝（身高－70）× 0.6（千克）

（3）姿態協調：人體的各種姿態動作是協調一致的，人體姿態的協調配合構成了體態美，是人體美的高級表現特徵之一。如：人走路時，雙臂部都是一前一後地擺動，而且左右相互配合，上下相互協調。如果不能協調，那就顯得非常彆扭，而失去美感。

3. 生命美是人體美的最高形式

人體美是具有生命活力的美，這是人體與其他審美對象本質區別所在，生命之所以美，就在於它不斷運動所展現的無窮的變化和創造活力。

在生命活動中，健康是人體美的基礎和重要條件，健康使人體美增輝；疾病、衰老使人體美失色減美；而死亡則使人體美消失。

生命是人體美的載體，人體美只有在生命活動中才能熠熠光輝。

4. 心靈美是人體美的本質

人體美是外在與內在、肉體與精神，感性與理性相結合的和諧的有機整體。作為審美對象的單個的人，都具有內在精神蘊涵的美即心靈美，同時也具有外在的物質實體的美即形體美。人的心靈美，是人的內在本質，而形體之美（體形、容貌、體態）只是精神的外在表現，只有內在的心靈美和外在的形體美和諧統一才是完整的美。

法國史學家丹納說：「一個無論如何完美的身體，必須有完美的靈魂才算完備。」

心靈美主要指人的美好思想、感情、道德、行為等等。「山蘊玉而生輝，水懷珠而明媚。」人的價值就在於內心世界的美。

英國戲劇大師莎士比亞曾明確地說過：「造物給你美貌，也給你美好的德性，沒有德性的美貌，是轉瞬即逝的；可是因為在你的美貌之中，有一顆美好的靈魂，所以你的美貌是永存的。」

二、臉型與容貌美

1. 容貌美

容貌即相貌、容顏，是指人的頭面部與五官的結構形態、質感、輪廓及其種態和氣色。容貌美是容貌形態結構、生理功能和心理狀態所體現出的協調、勻稱、和諧統一的整體之美。美的容貌個體是千人千面、千姿百態，各有其貌的。

容貌形態主要由面部和五官形態決定，動態表情變化也有較大影響，對容貌美的影響程度的大小依次表現在眼部、鼻部、口部、眉部和耳部等。

2. 面部的美學特徵

（1）根據波契（poch）的分類法，可將臉形正面分為10種類型：橢圓、卵圓形、倒卵圓形、圓形、方形、長方形、菱形、梯形、倒梯形、五角形。

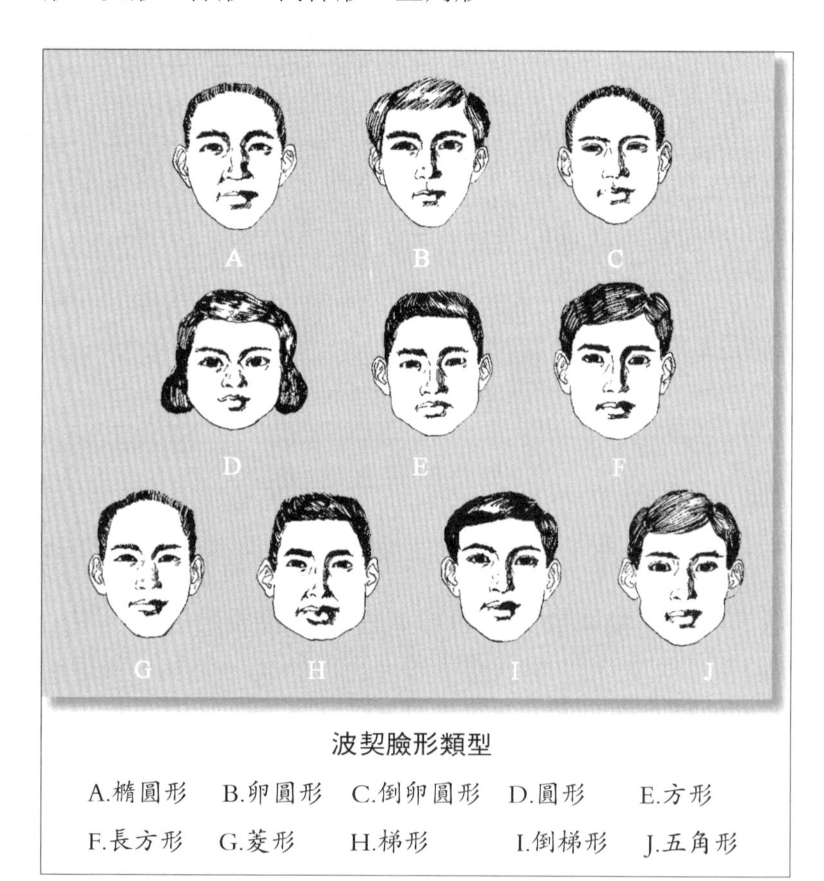

波契臉形類型

A.橢圓形　B.卵圓形　C.倒卵圓形　D.圓形　E.方形
F.長方形　G.菱形　H.梯形　I.倒梯形　J.五角形

世界各國均公認橢圓形是最美的臉形，從測量上看，頭部的高與面寬的比例為 1.618：1。

（2）經上瞼緣的水平線，可將頭部分為上、下兩等份。

（3）經髮際、眉間、鼻小柱基底及頦下緣的水平線，可將面高分為三等份。

（4）下唇線位於面部下 1/3 面高的中點，上唇高為面部下 1/3 的面高的 1/3。

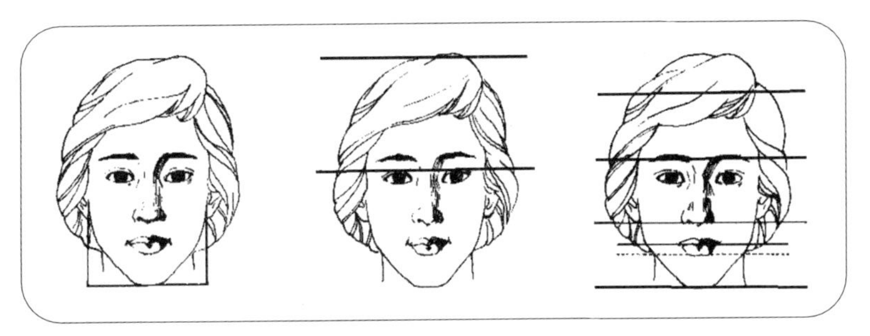

面部的水平測量與等份

內眥角間距、左右瞼裂寬度三者相等

（5）瞼裂略向上傾斜，外眥（眥通稱眼角）較內眥高 2～3 毫米。

（6）內眥角間距（兩眼間距）和左右瞼裂寬度三者相等。

（7）鼻寬略大於內眥間距（兩眼間距），為面寬的 1/4。口裂寬度為面寬的 1/3。

（8）人的面部是以中線為軸，高

中線

面部中線

度對稱的結構。在中線的一些標誌點包括鼻根點、鼻尖點、上唇點、下唇點、頦下點，組成了中線結構。

鼻根點是顏面骨相交結合處在面部體現出來的標誌點，相對比較穩定，一般不受面部畸形的影響，因此，確定經過鼻根點作眼耳平面的垂線為標準中線。各個中線結構與標準中線的距離為中線結構的偏差。

正常人群中線結構偏差平均小於 2 毫米。其中以鼻下點的偏差最小，頦下點偏差最大。中線兩側結構基本對稱，而存在偏差的，只要小於 6%，也被視為正常。

（9）眼眶後緣到耳的距離與耳等長，也是頭高的 1/3。

（10）鼻背與額面平面的夾角約為 25～30 度，鼻背與鼻小柱夾角約為 85～90 度，鼻小柱與上唇的夾角約為 90～105 度。

（11）上唇緣位於鼻尖與頜頦線上，上唇前緣則略後縮於該線，或兩者均略後縮。

3. 什麼樣的臉型爲容貌美

一般認為標準的臉型，其長寬比例協調，符合「三庭五眼」。「三庭」是把人的面型長度分為三等份，鼻子長度正好是其中三分之一；「五眼」是人面型的寬度分為五等份，雙耳間的寬度為五個眼裂的寬度，符合黃金分割率。

凡是符合「三庭五眼」比例的臉型就會給人的美感，如不符合這個比例，就會與理想的臉型有所差距。如鼻尖至下頷的距離與上面兩庭不等，就會形成明顯的短或長下巴；如果眉毛至鼻尖的距離長於或短於其他兩庭，就會形成長鼻子或短鼻子。

又如，兩眼間的距離小於「一眼」，鼻梁就會顯得太窄；而兩眼間距離寬於「一眼」，就會顯得五官分佈鬆散，缺乏美的形象。

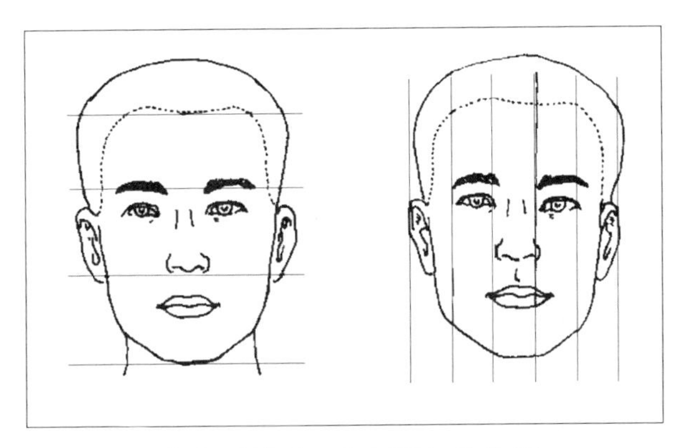

鼻在面部「三庭五眼」的比例

當然容貌美不僅取決於臉型，它蘊含著極其豐富而深刻的美的內容，還必須建立在娥眉美、明眸美、鼻型美、朱唇美、皎齒美、面頰美、額型美、耳型美、膚色美，以及容貌之動靜態體現出的雙重美等等的基礎之上。其各部形態結構及美各異，但只有這些局部與局部，局部與整體協調和諧地統一在容貌美整體格局中，才能體現出美的容貌所具有的獨特風采和魅力。

三、體形與體美

人體曲線是人體美最重要的表現形式，在人體中，幾乎能發現所有美的曲線。理想的美的人體必定有完美的曲線，美的曲線一旦遭到破壞，人體美則必然減色或消失。

「曲線美」的概念，最早由英國著名畫家、美學家荷迦茲（1697～1764）提出。他在《美的分析》一書中指出：「一切由波浪線，蛇形線組成的物體都能給人的眼睛以一種變化無常的追逐，從而產生心理樂趣」。他認為，美最大限度地蘊藏在精確的曲線之中。

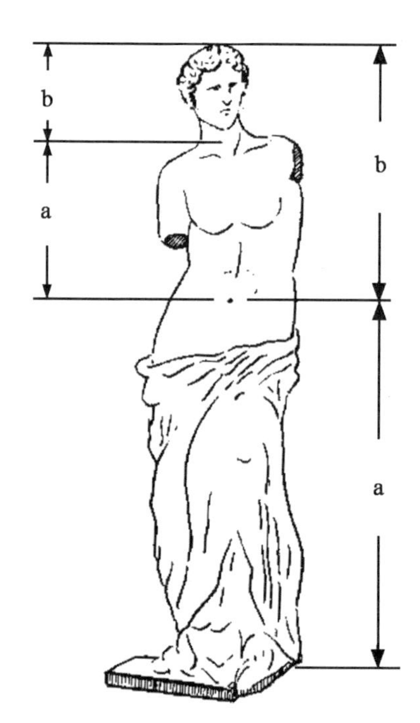

斷臂維納斯雕像
〔黃金分割比爲 a:b=（a+b）:a〕

人體的曲線美感更是多種多樣，如對稱彎曲的雙眉、靈動的雙眸、一啟一閉的眼瞼和閃動的睫毛、高而醒目的鼻、寬寬的額頭、突出的顴骨、端端的下額、形似飛燕展翅的唇弓、微翹的口角、皮膚的溝紋、面部輪廓的高低起伏以及豐富多彩的表情變化等等，無不蘊藏著曲線之美。

人類女性的曲線美表現得更完整而具有魅力。女性的胸部、聳立的乳峰、平而微收的腹部、苗條而纖細的腰姿、厚的豐臀構成了波浪起伏的曲線，顯示出強烈的生命魅力，使人賞心悅目。西方最負盛名的藝術女神斷臂維納斯，她那富於感性魅力的 S 型波狀起伏的曲線，正是人類女性曲線美的曲型展現。

女性的比例與男性大致相同，但也有差別，尤其是在寬度方面。女性一般肩寬為 1.34 個頭高。兩乳頭間距與腰寬相等，約為一個頭高。臀部最寬處為 1.58 個頭高。乳頭的位置較男性略低，約在 2.16 個頭高處，與直立位時肘部高度相同。

Beaut

尚美之慾

人有七情六慾。人們常說的慾望有食慾、物慾、權慾、性慾、情慾等。實際上，隨著人們物質和文化生活水準的提高，對高品質生活的追求，現實生活中還存在著一種美慾。美慾是求美者的心理學的核心，何為美慾？美慾即人們對美的事物、人體的追求和渴望。

「愛美之心，人皆有之」，人們所愛之美，所求之美，一是客觀世界之美，二是人類自身之美。從美容心理學角度上來說，人的愛美之心，主要是指人對自身容貌形體美化的心理需求，是人最基本的精神需要，是求美行為的原動力，人一旦得到美的需要，就獲得了美的享受，它表現為滿足感、快樂感、自豪感，增強了自信心。美容整形是尚美的一個重要途徑。

一、美容整形的適應對象

（1）先天性畸形患者：

如唇腭裂、面橫（縱）裂畸形、斜頸、 上瞼下垂、小耳畸形、多指（趾）症、並指（趾）畸形、巨指（趾）症、乳房偏小或畸形，等等。

（2）後天性畸形患者：

如瘢痕性禿髮、各種燒傷或外傷後瘢痕攣縮畸形和組織器官缺損、顱骨缺損、唇外翻畸形、口角歪斜畸形，瞼外翻畸形、面神經癱瘓、痤瘡瘢痕、眼窩狹窄、歪鼻畸形、鼻孔狹窄或閉鎖、外耳道狹窄或閉鎖、耳廓缺損、老年斑、黃褐斑、多毛痣、黑毛痣、血管瘤、鮮紅斑痣（紅胎記）、太田痣、咖啡牛奶斑、雀斑、乳房發育不良，等等。

（3）對自己面容不滿意者：

單眼皮、上瞼皮膚鬆弛、下瞼鬆弛（眼袋）、眼瞼凹陷；鞍鼻、鼻尖肥大、短鼻、闊鼻、駝峰鼻（鷹鉤鼻）、鼻寬大；招風耳、杯狀耳、隱耳、耳垂畸形；面部皮膚鬆弛症；小乳症、巨乳症、乳房下垂、乳頭內陷、局部脂肪增多症（如腰、腹、背、頸皮膚等）、陰道緊縮、處女膜修復；等等。

二、美容整形的求美動機

求美動機產生的原因是以人的需要為基礎的，同時又受到人的理想、信念、世界觀、審美觀、價值觀、人格特徵、外界環境等因素的影響。經濟的快速發展，人們生活水準的提高，人們對美的追求，對美的需要越來越強烈。

1. 求美者的正常心理

（1）社會活動的需要：

隨著市場經濟的發展，迫使每一個人都要進行廣泛的社交活動，在社交活動中，自身容貌和形體的美已成為自身價值的一部分，也是自信心的有力表現。

（2）戀愛、婚姻的需要：

戀愛、尋找配偶的時候，青年人因容貌和體型不美而無異性求愛，或者為了尋找更好的配偶，將會竭力求助於美容整形外科手術改觀容貌和體型。中老年人往往借助美容整形手術使自己容貌和體型盡可能顯得年輕一些。

（3）尋找工作、職業及適應環境的需要：

某些服務行業，首先就是透過自身的美而給更多的人帶來一種愉快的心情。禮儀小姐、服務員職業對容貌有一定的要求，部分電影、戲劇等文藝工作者為了永保藝術青春，也需要尋求美容手術，都希望借助於美容外科手術使自己裝扮得更美、更年輕。

（4）心理需要：

隨著醫學模式的轉變，人們越來越重視心理因素對健康的影響，而一個人的容貌與體形，對其本人的心理情緒時會產生著若隱若現的影響，尤其是女人，更容易受容貌和外形的影響，有時因此產生自卑心理，影響事業的發展。國人的壽命已從過去的平均 30 歲，延長到現在的 70 歲餘，許多老年人為了減小容顏的衰老帶來的精神壓力，希望得到美容外科的服務，從而更幸福、更愉快地安度晚年。

（5）精神治療的需要：

要求美容手術的人們，其心理極其複雜，有許多問題還需要社會學、倫理學及心理學共同來回答。每個人的內心都有著對自己身體的影像。在心理學上叫「身像」，它對人的個性行為極為重要。一旦人們由於形體上的缺陷對自己的「身像」產生偏離，他們的精神、情緒、生活就會陷於困境，從而使「身像」失去平衡，以致於形成精神抑鬱症。表現為孤僻、悲觀，甚至絕望。一旦施行美容整形外科手術將其缺陷修復，多數人精神異常隨之消失，表現為積極、樂觀、上進，與手術前判若兩人。美容手術最終目的不是治療疾病，而是改善其心理狀態，增加自信心。

2. 求美者的不正常心理

人們的社會地位、文化素質、周圍環境決定了其心理狀態，要對每個美容就醫者進行相應的心理分析。

美國著名的美容整形外科專家芮斯（Raes）曾將美容就醫者進行分類，提出 10 種不正常心理並拒絕為其手術。這 10 種不正常的心理是：

(1) 希望透過手術把自己變成某某明星

這些人在求診時常常拿出某某明星的照片，說要做成某明星樣的眼睛或鼻子或嘴唇，這很不現實。

(2) 要求過高不切合實際者

這些人常常不根據自己的面型、體型的實際情況，而要把鼻梁填的過高，把乳房填的過大，易弄巧成拙。

(3) 因爲情緒或生活中一時受到挫折而突然決定手術

如有的人突然受到丈夫的辱罵說長得醜，一氣之下突然決定來美容，這些一時衝動來美容者，術後常易不滿意。

(4) 把解決生活中的困難完全寄託於美容手術者

如有的人把求職不成，屢次失戀都歸結於是自己的某個缺陷存在，這個缺陷即使矯正了，他們仍未達到目的時，又會尋找新的缺陷來找醫生。

（5）由於封建迷信而要求手術者

有的人認為某個缺陷會剋夫，會使自己家庭破碎或會使家中招災。

（6）主訴動機模糊對手術要求不明確者

這些人在求診時提不出具體要求，要醫生看著辦，醫生怎麼做都行，而術後又說我並無此要求。美容手術前，醫者與求美者之間一定要達成共識。

（7）本人無要求，是丈夫、朋友、親友勸其手術者

凡是成年人，是否進行美容手術，其決定權在於其本人，否則易引起家庭糾紛，醫患糾紛。

（8）對於不明顯的缺陷看的過分嚴重者

如有的人對臉上的一個綠豆大的小疤，反覆尋找醫生要求多次治療，這種誇大心理很難得到滿足。

（9）對於手術效果反覆詢問、對治療顧慮重重沒有信心者

這些人對美容手術帶來的實質性改觀效果，沒有正確認識，猶豫不決者不能手術。

（10）對有關治療問題都和醫生意見相反者

美容手術醫生與求美者之間是相互參與的關係，應傾聽雙方的意見，才能配合做好手術，並取得較好效果。在如何做手術、手術效果及併發症方面，醫生的經驗比求美者要多，如果求美者一點也聽不進去醫生意見，那麼，堅決不能手術，否則後患無窮。

三、話「人造美女」

「人造美女」是近兩年來時常在新聞媒體上出現的時髦詞語，也是人們茶餘飯後時常談論的話題。繼北京女孩郝璐璐被「製造」成「中國第一人造美女」之後，「人造美女」幾乎成了一種時尚，上海、天津、成都、南京、廣州、長春、武漢、深圳、濟南等地，都相繼推出「人造美女」，與「人造美女」有關的訊息更是連綿不斷，在網上竟累積了達十萬條之多。

中國第一人造美女
郝璐璐

本以為「人造美女」成了一種漸行漸遠的時尚，但據報導國內不少省、市又在掀起一輪打造「人造美男」、「人造美嫂」甚至「人造美婆」的熱潮了。看來，人工造美有愈演愈烈之勢，它雖與「天然雕飾」道不同，卻仍引得無數慕美者趨之若鶩。

「人造美女」實際上就是美容整形專業人士通常說地「系列美容」、「綜合美容」，其實並不是什麼新鮮玩藝，早在 20 世紀 80、

90年代國內不少專業美容整形機構就已經開展了無數的「系列美容」和「綜合美容」，如面部「系列美容」、形體「綜合美容」等。它是針對某個求美者的具體情況，制定相應的手術方案，有計劃、按步驟的實施多種美容和美體的手術。但「人造美女」這一概念的提出確實是突發奇想，為美容整形事業的發展起到了推波助瀾的作用。

「人造美女」的主要手術方法包括：重瞼成形術（俗稱雙眼皮手術）、隆鼻術、隆頦術、厚唇修薄術、面部輪廓改形術（如顴弓提升或降低術、顳部充填術、下頜咬肌肥大矯正術、頰脂肪墊袪除術等）、脂肪抽吸術（抽脂術）、隆胸術（乳房充填術）、豐（提）臀術等等。

當然，根據不同個體的具體情況，可以選擇各種不同類型的美容整形手術方法。這些美容整形手術都是目前臨床應用比較廣泛，效果比較可靠，技術比較成熟的手術方法，只要有相應的技術水準、認真負責的工作態度、嚴格掌握手術適應證、禁忌證、無菌操作原則、手術技術操作規範，就應該能夠使手術獲得圓滿的成功，為愛美人士帶來福音。

關於打造「人造美女」各種各樣的聲音都有，孰優孰劣，孰對孰錯，很難有個確切的定論，只能是仁者見仁，智者見智。全國數以千計的美容整形醫務工作者，每天都在為無數的愛美之士帶來美的福音、增添無窮的魅力，這是不爭的事實；但時常也有不少毀容的病例見諸報端，美容不成反召毀容，這也是明擺著的事實。

1.「人造美女」是經濟行爲

從經濟學的角度看，把自己改造成美女是一種理性的經濟行為。

在市場經濟中，人的收入取決於能力、努力和機遇。漂亮也是人先天條件的一部分。據美國經濟學家調查，長相漂亮的人，平均收入比長相一般的人高5%，而長相一般的人，又比長相較差的人高 5%～10%左右。

統計數字也許不一定準確，但俊男靚女收入高是一個不爭的事實。愛美是人的天性，長相漂亮無論從事什麼工作，都能帶給人美的享受，這就具有市場價值，消費者願意支付更高的價格。對許多企業，尤其是服務業企業來說，用漂亮的員工更吸引消費者，效益更高，他們也願意支付高工資。

因為形體美帶來的經濟效果。許多青年人，尤其是女青年，都想由整容把自己變為美女，找一個好工作，或找一個好老公。這種動機沒什麼可指責的，人造美女的需求是一種正當需求。耗費金錢，冒著整容失敗的風險把自己變為人造美女，是一種理性的經濟行為。這與上大學提高自己的能力一樣，是一種人力資本投資。

有需求，當然就有供給。女人們想把自己變為人造美女，整容行為就應運而生了。

2.「人造美女」的代價

面對「人造」經濟的繁榮，人造美女的個人感受，必然被忽略。看著人造美女在電視上侃侃而談，常常有人會問：在她們陽光燦爛的背後會不會有太多的陰影和黑暗？

(1) 經濟代價

「人造美女」可以說是「從頭到腳、從裏至外」全部翻新，要接受割雙眼皮、種睫毛、隆鼻、下頜角整形、隆胸、胸部提升、隆臀、嫩膚、脫毛、吸脂等一系列手術，其費用是可想而知的了，少則幾萬，多則數十萬。有錢人無可厚非了，錢少的人或者要望洋興嘆，也或者傾家蕩產了。

(2) 整形後患不可避免

整形必然要手術，手術必然會給身體帶來創傷和疤痕。任何手術，包括整形手術，都會有創傷，醫學上所說的無創傷原則是指，盡可能減小這種創傷，而不是說沒有創傷。只不過高明的整形醫生會讓這些疤痕盡可能的小和隱蔽，比如把做雙眼皮的疤痕留在眼睛上眼瞼的皮膚皺折裏，把瘦臉的刀口留在口腔裏，把隆鼻的疤痕留在鼻腔裏，把隆胸的疤痕留在腋窩裏等等。

業內人士指出，隆胸、隆鼻等所用的人工材料都會遺留後患，即使是最好的進口材料，廠家也不敢保證這種材料終身不會出現問題，而整形醫生更不能擔保，這樣的手術會不會留下很多問題。

（3）可能面臨社會歧視

與人造美女身體上的後患相對應的是，社會對「人造美女」的容納度。社會會不會歧視她？目前我國的整形美容外科水準已經很高，甚至可以把一個五大三粗的男人變成美女，並且結婚嫁人後連老公都不會發現自己的老婆是男人變的！因此，手術的本身並不值得大驚小怪。但是，這些年來，成千上萬例的做整形美容的人卻沒有一個人願意公開自己的身份。也就是說，十幾年來，中國整形業「製造」出了無數的美女，卻從來沒有人敢公開承認自己是被「製造」出來的。不是有過這樣的報導嗎？老公發現美貌妻子生的孩子很醜時，才知道妻子是個人造美女，覺得受了欺騙的老公，一紙訴狀將妻子告上法庭，要求離婚並賠償精神損失。

在「人造美女」付出代價的時候，商家卻在後面偷偷地笑了，最大贏家是商家！正規的商家憑了高超的技術和完美的服務掙了錢自不必說，可是好多趁混水摸魚的商家卻發了昧心財。好多人並不懂人造技術，不懂塞進她們體內的是些什麼材料，不懂那些埋藏在鼻梁下面和胸罩下面的材料會有什麼不良反應，不知道它們的保質期多長，也不知道它們會不會損害人體的健康，但理智的人們會知道當人造美女們利用人造技術去吸引男人眼球的時候，無數騙子和奸商也在利用人造技術坑騙她們。

很多人造美女，已經在品嘗自己種下的苦果了，但相關消息不會太多。消費者協會接到的相關投訴，只會是九牛一毛。那些活得難受的人造美女，多半都會忍氣吞聲，做出一副依然美麗狀。

3. 理性地看待「人造美女」

「人造美女」的熱炒，也誤導了一些女性，導致她們不能科學地認識醫療美容，對整容效果期望值過高。同時，由於醫療美容機構良莠不齊，一些低水準執業人員導演著「美容、毀容」的悲劇。有數位顯示，我國醫療美容興起的10年間，已有20萬張臉毀於整形。

在轟轟烈烈的造美風潮面前，消費者千萬不可盲從，一定要多瞭解一些醫療美容的知識，科學、理智地看待「人造美麗」。

（1）選正規美容醫療機構

美容分為生活美容和醫療美容兩大類。生活美容包括皮膚護理、化妝修飾、形象設計和美體等服務項目。醫療美容是指運用手術、藥物、醫療器械以及其他具有創傷性或者侵入性的醫療技術方法，對人的容貌和人體各部位形態進行的修復與再塑。

醫療美容機構必須遵循「醫療機構管理條例」和「醫療機構基本標準試行」的規定，領取「醫療機構執業許可證」。從事醫療美容的人員，更需要符合「醫療美容服務管理辦法」和「中華人民共和國職業醫師法」的要求，取得相應的職業醫師或護士資格證書。

專家介紹，目前醫療美容出現的種種問題，主要是因為消費者沒有選擇正規的美容醫療機構和醫生。一些消費者受一些不法廣告的迷惑，接受沒有受過培訓醫生的手術，身體很容易受到傷害。

（2）做好身心專業諮詢

專家指出，並不是每個人都適合做整形手術。在準備實施手術之前，消費者一定要做專業諮詢。如果不顧自身條件，盲目比照偶像來「打造」美麗，其結果則有可能心容俱毀。整形的可靠性與醫生的臨床經驗關係密不可分，消費者應該向正規的醫療美容機構的專家諮詢，根據自身外形條件以及健康狀況，設計獨具特色的「造美計畫」。負責任的醫生，不會因為消費者出錢就盲目為其實施手術。對有醫療美容要求的女性，如果有根本不適合做或做後效果不明顯的，醫生出於職業道德會進行勸阻。

（3）美麗不能「一步到位」

有媒體報導，某女經過 20 多天「打造」，就變為「美女」。專家認為，這裏廣告炒作的成分太大。實際上這種「一步到位」的方法對人體健康是不利的。在發達國家，很多人分別在30 歲、40 歲、50 歲各做一次整容手術，因為人體不停地在生長、在新陳代謝，所以，即使手術很成功，也需要不斷完善。

四、話「韓式美容」

韓式美容風靡全國，由此引發不少愛美女性到韓國整形的美容新潮流，目前北京、上海等城市先後出現一些整形旅行團。據介紹，此類以旅遊團的形式去韓國，目的並非旅遊，而純粹是為了整容，其中的項目主要集中在面部整形。

「想一夜之間成為明星嗎，想搖身一變成為全智賢嗎，來吧，這裏可以實現你的夢想……」這是某私人整容院打出的廣告。一些個體、私營診所抓住現時「韓流」對年輕人的影響，大肆宣傳「韓式隆鼻」、「韓式隆胸」等。

那麼，到底什麼叫韓式整形，韓式整形為什麼會傳得那麼神呢？

醫學無國界，在技術上很多東西都是相通的，不應當成為某國醫療界的代名詞，韓式整形應該解釋為在韓國興起、在國內引起轟動的一種整形風暴。韓式整形與國內整形基本是相同的，只是在整形材料及某些細節上有差別。韓式美容之所以火爆，純屬是媒體炒作的結果。

國內的愛美人士對「韓式」美麗的驚豔、追求，是由韓劇的日漸風靡開始的。人們一邊沉浸在劇情裏，一邊疑惑著韓星們不真實的美麗：為什麼韓國女星個個都有如出一轍的尖下巴、高鼻子、雙眼皮、大眼睛？為什麼韓國男星個個都長著一張五官端正的精緻面龐呢？

其實，90%以上的韓國藝人都是整形美容醫生手術刀下的美麗「贗品」。謎底一揭曉，一些愛美的人士心中就漸漸充滿「如法炮製」的激情；國內整形大熱，更有一些求美族為了「領先一步」，不惜高價，捨近求遠，赴韓整容。同時，報刊、雜誌、網路，形形色色的「韓式」整形廣告撲面而來。不禁讓愛美族們怦然心動。

國內整形美容市場襲來「韓流」。在韓式整形風靡國內市場的時候，筆者及筆者的同仁們應有責任告訴國內愛美人士，中國的整形美容外科絕不比韓國差！在任何國家，整形美容手術成功與否都取決於受術者的先天條件、手術雙方的審美取向、醫生的技術和經驗、整形材料與醫療設備、術前交流與術後回饋等因素，絕不能依據韓國美容整形的術後效果，或者在手術過程中使用特殊材料，就冠以「韓式」之名。

在美容整形外科學界，從來就沒有「中式」、「日式」、「韓式」的劃分。國內一些整形美容專科醫院無論在技術上、硬體上還是服務上，都已達到與國際同步的水準。在某些領域，中國人做得比韓國人還要好。做整形美容手術不是看病，消費者不要盲目唯「韓」是從，選擇最適合自己臉形的整容設計方案才是根本。

五、消除美容整形的誤區

1. 整形美容沒有風險

沒有無風險的手術。再小的手術都會有創傷，有創傷就會有風險。做雙眼皮做壞了的，不是很常見嗎？但這不

等於整形美容手術就不能做。因為現在由國家批准的整形美容機構開展的項目，其風險在術前會告知患者，而且，只要按照醫學規範操作，一般不會造成特別令人難以接受的後果。

那麼，為什麼有那麼多失敗的案例呢？這主要與醫院和醫生的資質有關。根據國家規定，做整形美容手術的機構必須要經過國家有關部門的審批，擁有進行醫療美容專案的資格；同時，從業的醫師必須要有醫療美容的執業資格，兩者缺一不可。

現在比較常見的問題是，一些不具備執業資格的醫生掛靠某些醫院，以醫院的名義做廣告。人們衝著醫院的名聲去了，卻可能碰上個外行醫生，比如有的五官科醫生做隆鼻手術，這看似合理，其實「隔行如隔山」，治鼻炎跟隆鼻是兩回事。

2. 做不好再改很容易

有的人以為，一次做不好可以再修改，直到滿意為止。這種想法太天真了。大部分失敗手術造成的後果是很難補救的。

如一些沒有醫學美容資格的單位進行的注射隆胸手術，注射材料進入人體之後，就分散在各處，如果不按醫療規範操作，引起感染，再要全部取出是很困難的，盡最大努力，也只能取出 80%—90%。

一些嚴重的患者甚至需要切除乳房。即使後果沒有這麼慘重，修復時也難以達到最佳的效果。因此，國家規定，只有三級醫院才能進行注射隆胸手術，但還是有一些不具備資格的機構開展此項目。所以，初次選擇醫院、醫生，一定要慎重。

3. 做個跟明星一樣的雙眼皮

做整形美容手術的人，帶明星照片的人不在少數，有的人點名要做成跟某某一樣的雙眼皮。這種心理是不好的。整形美容不僅要做到單個器官的美麗，還要做到整體的協調。因此，放在別人臉上美麗的器官，放在你臉上未必協調。

美還有一個個性的問題，有的明星是單眼皮，單獨看也許不美，整體就非常有個性。

4. 整一下子，美一輩子

在人生的各個階段，體形和皮膚會有很大的變化，因此，30 歲做的整形美容，到了 50 歲就不一定美了。國外的很多人都聘請了個人美容師，為自己進行整形美容的長期規劃。各個部位的整形美容手術也不一樣，有的只適合做一次，有的次數多效果好。

比如，在上眼皮做的手術，人一輩子最好不要做到兩次以上，因為上眼皮是要活動的，做的次數多，一眨眼露出一堆疤痕，顯得很假。下眼皮就不同了，這個地方本來要鬆弛，隔三五年做一次，皮下疤痕牽拉、收縮，把局部皮

膚拉得很緊，顯得人有精神。

5. 爲美麗不惜砸鍋賣鐵

十幾年前，中國的整形美容醫院中，有80%是做整形的，包括修復創傷，治療唇裂、斷肢再植等等，只有20%是做美容項目的。給前者做手術好比雪中送炭，後者好比錦上添花。現在錦上添花的比例占到60%，雪中送炭的只有40%了。這說明，人們對美的追求在提升，也有相應的經濟能力。

但並不是每一個愛美之人都能承受整形美容手術的費用，有人還為此非常痛苦，這是沒有必要的。人最重要的是生命，如果疾病危及生命，應該盡全力治療。對整形美容手術就不必如此執著。沒錢做整形美容手術，未必就不能美麗。

隆 乳

由於各種原因導致女性乳房畸形和胸部平坦現象，是比較普遍的，這些女性們由於缺少女性特有的線條，在人際交往、日常生活和工作中缺乏自信心，嚴重影響生活品質，越來越多的人有希望改善或修復這個缺陷。手術豐胸是用外科手術的方法對各類小乳、畸形乳房、發育不良乳房進行擴大治療，使有乳房缺陷的女性成功擁有一對豐滿漂亮的乳房。手術豐胸的方法在醫學上稱隆乳。

隆乳術是透過醫學手段，將生物組織或生物組織代用品，植入乳房內，並控制及塑造其外觀，從而達到乳房豐滿健美的目的。

一、隆乳材料

1. 隆乳材料的歷史回顧

回眸百餘年隆胸史，從側面可以反映出在醫學家及材料學家的共同努力下醫學的進步，從另一個側面也記載著為求美而隆胸、為這一追求而付出沉重代價的女性的一部「辛酸史」。在這裏需要強調的一點是，我國傳統的女性乳房意識，也是以讚美豐滿的乳房為主，儘管歷史上也曾有過女子束胸的時期，但這絕不是中國人關於女性乳房意識的主流，而只是一種偏差。故中國女性同樣也接受了隆胸這一種美乳的手段，越來越多的女性認同並接受了這種手術。當然隆胸給女性帶來了歡樂與自信，同樣不可避免地也帶來痛苦與不幸。

從醫學的角度來說，隆胸術本身不屬於高難複雜的手術，而隆胸術的發展與進步，歸根結底是隆胸材料的進步與發展。隆胸術最早始於美國，1889 年，Gersuny 用液體石蠟直接由注射的方法注入乳房內隆胸，並進行了報導。在此以後用注射器將消毒的液體石蠟直接注射隆胸的方法曾十分盛行，許多醫生為獲得滿意效果而不斷改進注射方法及工具，甚至 1911 年 KOLLE 還研製出加熱石蠟注射器。20 世紀 30 年代，這種隆胸方法達到登峰造極。

但隨後大部分受術者，出現了嚴重的併發症。如乳房內的硬結、腫塊、炎性反應，石蠟在體表向下擴散，擴散後乳房外形不良，以及石蠟栓塞導致失明或死亡，有確鑿的證據證明誘發乳腺癌的發生。

以上併發症發生後，治療上非常棘手，大部分只能行乳腺的切除術，以防晚期更嚴重的併發症，液體石蠟注射隆胸也被明令禁止。遺憾的是，筆者在 20 世紀 90 年代初居然還診治了一例液體石蠟隆胸後嚴重併發症的患者。這位東北的女性，在當地某家美容院注射「人造脂肪」隆胸後，就出現了乳房腫痛、週期性的寒戰交替、腹壁硬結等併發症，經過調查，美容院承認所謂的「人造脂肪」實際就是液體石蠟。最後這位不幸的女性，只能接受了滿布「石蠟瘤」的乳腺切除，及腹壁「石蠟瘤」的清理，可以說是失去了自己的乳房。

20 世紀 40 年代後，在曰本和美國，有人用蠟和蜂蜜

的混合物以及液態矽膠注入乳房內隆胸，由於注射隆胸操作簡單，尤其是液態矽膠隆乳很不幸地為一般醫生，甚至是非醫療人員廣為採用，與液體石蠟一樣，引起諸多嚴重併發症，注射極易擴散甚至引起死亡，於是這種方法也被取締。近年來有人開始應用牛膠原、明膠基質等隆胸，但大多數月後被吸收，應用受到限制。

GZERNY 於 1895 年切取脂肪瘤移植隆胸，未獲成功，但這開創了自體組織隆胸之先河，人們不斷探索用安全、無排異反應自體組織隆胸的方法，並進行了各種嘗試，如真皮脂肪瓣帶蒂移植隆胸術、背擴肌真皮瓣帶蒂移植隆胸術、臀大肌瓣游離移植隆胸術等。但由於提供移植組織區域遺留明顯瘢痕，再加以移植物形態難以控制，隆胸後乳房形態不夠標準，且組織成活後部分纖維化，產生硬塊或硬結，故大多數人難以接受這種方法。

在自體組織移植隆胸的方法中，值得一提的是自體脂肪游離移植隆胸，這種方法就是將身體某些部位，如腹部、臀部、大腿等處的脂肪組織，利用機械或注射器抽取出來，經過清洗，獲得相對純淨的脂肪顆粒，隨後將其注入乳房內取得豐乳的效果。

這種方法在20 世紀 80 年代的美國盛行。但隨著時間的推移，其弊病也逐漸顯露出來。首先是吸收問題，因為注入乳房內的脂肪顆粒不能百分之百地建立起血液循環而成活，大概有 40%～60%的脂肪顆粒被吸收和纖維化，故隆胸效果不持久，而形成的纖維硬結，不同程度地影響了乳腺癌的普查工作，故在美國，這種方式的隆胸基本現在已被棄用。但作為隆胸的一種方法，目前在我國的一些醫療單位仍在應用。

1951 年，PANGMAN 第一次使用人工海綿植入隆胸，海綿假體植入隆胸是使用聚已烯醇海綿，先將海綿雕刻成所需的形狀和大小，置入乳腺下分離的腔隙中，達到隆胸的目的。但術後大量纖維組織長入海綿間隙中，使乳房變硬、縮小和變形，甚至形成瘺管，因此，該隆胸術現在已經廢棄。

1963 年，GRONIN 用儲有矽橡膠液的矽橡膠囊假體隆胸，取得了良好的效果，並促進了隆胸術在世界各地的普及。70 年代後，在美國出現了可調節體積的充注式矽膠囊假體。我國於 1981 年開始使用國產矽膠假體施行隆胸，效果也能令人滿意。

至於手術切口和假體植入部位及大小，可根據職業、主觀要求和局部條件酌情選擇，儘管假體中的物質也引起了多方面的爭議，但在目前情況下，仍是較為安全的隆胸方法，因為不管怎麼樣，最後還是可將假體完整地取出。當然假體隆胸也有其併發症，如血腫、纖維包膜囊攣縮的乳房發硬等，但發生機率相對較少。

近年來，假體內儲物質，也有很大進步，從原來單純的矽凝膠，發展到了聚凝膠、水凝膠、植物油等，使假體隆胸的安全性進一步提高。現今假體隆胸在世界各國仍是最主要的隆乳方法。

前面已提到，隆胸術的發展與進步，實際上是隆乳材料的發展與進步，人們期待著生物學家及材料科學家研製出有效、安全、無毒、持久的組織代用品，造福於女性。值得注意的是，近幾年有許多單位應用經國家批准使用從烏克蘭引進的「親水性聚丙烯酰胺凝膠」注射隆胸，這是歷史的輪迴還是科技的進步？當然，我們期望為後者！

2. 隆乳材料的現狀

目前，常用的隆乳填充材料分為三類，一類為成形的乳房假體；一類為不成形的注入材料（包括自體顆粒脂肪組織和親水聚丙酰醯胺凝膠）；還有一類是自體肌肉及複合組織。目前常用於隆乳術的是前兩類，而自體肌肉及複合組織由於手術創傷較大，操做複雜，有時還需採用顯微外科技術進行神經、血管吻合，因此，需要有一定的臨床經驗和顯微外科技術的醫生才能手術。而且由於隆乳的組織來源量不足，所形成的乳房外形、手感有時不甚滿意，術後身體其他部位遺留瘢痕等原因，目前除在乳房再造中採用外，在隆乳術中很少應用。

現將前兩種材料詳細介紹如下：

(1) 乳房假體

所謂乳房假體，是以醫用固體矽膠為外膜，其內容物分別為：液態矽膠、矽凝膠、水凝膠及生理鹽水等。乳房假體製成後因其內液體的流動性，術後手感好。假體可設計成單膜、雙層膜囊或囊內分隔成多腔，亦可設計成空囊帶導管連接注射壺的充注式假體，它具有手術切口小的優點。這些假體可製成各種形狀、大小可供選用，而形態、大小要根據受術者年齡、身高、胸部形態、胖瘦程度以及受術者的要求來選擇合適的型號。假體的外觀一般為半球狀。

矽膠及矽凝膠假體從 70 年代起、已廣泛應用於美容性隆乳。是目前公認為比較理想的隆乳假體代用品，其優點為：

①有良好的組織相容性，無致癌、致畸、致突變的做用。

②使用溫度廣。

③機械性能：彈性回縮力、抗撕力、硬度等均較滿意。

④耐化學性能：機體內埋置的矽膠假體，在與體液及各種陰陽離子和有機物質的長期接觸過程中，能保持原來

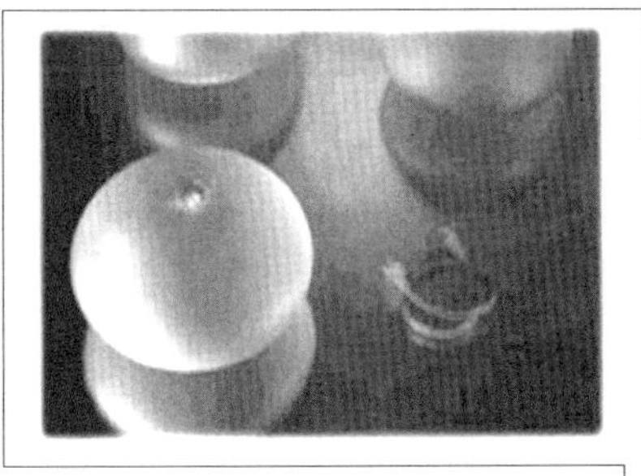

的彈性及柔軟度，不變硬、不變脆，不被腐蝕、代謝、吸收和降解。

⑤易加工成型，使用方便。

乳房假體的種類分以下幾種：

①光面矽凝膠假體。醫用矽凝膠通常是高純度的二甲基矽氧烷的特殊多聚體。假體的外殼是由彈性矽凝膠製成的橡膠狀膜，這種彈性矽凝膠由完全聚合的矽凝膠與非結晶的二氧化矽填充劑組成，並增加了強度。

最初假體的外殼是表面光滑的矽橡膠，用來包裹矽凝膠，在最初的幾年裏因考慮到假體需黏附於組織上以防止假體移位，於是在假體背面設計了諸如 Dacron 網、矽膠縫線環、有孔的矽膠條等裝置以達到固定的目的，隨後又發現這些裝置沒有必要，實際上還降低最終的隆乳效果，這種假體於 20 世紀 70 年代早期便消失了。

由於包膜攣縮發生率較高，促使假體廠家不斷改進了假體的製作工藝，使假體壁更薄、凝膠黏性更小，20 世紀 70 年代末至 80 年代初這種假體更柔軟、更自然，但包膜攣縮的問題仍存在。

包膜攣縮是人體對外來物質的防禦反應，即乳房假體植入後，人體會在乳房假體周圍形成一層薄薄的纖維組織膜，這樣可以使隆胸更安全，即使乳房假體破裂，假體內容物也不會流失，但該包膜的纖維組織在術後 3～6 月內會收縮，使纖維組織形成的包膜囊縮小，而在其內的乳房假體被緊緊地包裹，因此手感變硬，這就是包膜攣縮。

②光面鹽水假體。20 世紀 70 年代早期出現了單腔充注式鹽水假體，鹽水假體的產生主要是擔心矽凝膠可能對身體造成影響，包括免疫性結締組織病或可能的致癌性。鹽水假體具有理化性質穩定、無毒，與人體組織液一致的優點。作為正常人體的體液組成部分，生理鹽水的滲漏不會引起人體的病變。

充注式鹽水假體有切口較小，能在術中決定乳房體積等優點，後來許多學者進行臨床回顧性研究還發現充注式鹽水假體與矽凝膠假體相比包膜攣縮率較低，許多學者的實驗也支持矽凝膠滲漏與包膜攣縮形成有關。

充注式鹽水假體缺點為有液體感，易滲漏，可能會觸摸到假體的折痕和注水閥；如果胸壁薄還可能會有流水感，假體與乳腺組織質地相差甚遠，故相對矽凝膠假體而言形態及手感欠佳。現在許多醫生不願使用這種假體，主要還是因為有嚴重的滲漏問題，雙腔假體也是這樣。基於上述原因，矽凝膠假體一直更受歡迎。

③聚氨酯假體。1970 年，Ashley 報導了一種新的假體——聚氨酯假體（polyurethane-coveredimplants, PCI），即在矽凝膠假體外殼塗聚氨酯泡沫膠。最初的目的是為了防止矽凝膠滲漏和作為固定層，後來隨著工藝技術的改進，許多臨床研究者認為該假體無論是用於隆乳術和乳房再造術都能降低包膜攣縮。

聚氨酯假體剛出現時曾因為人體對聚氨酯的生理反應而遭到強烈的反對。在 20 世紀 80 年代，關於聚氨酯假體的爭論更多的是關於它的組織反應可能會引起包膜攣縮，它的組織反應比其他假體更為嚴重。Hester 等經過 5 年的臨床實踐，指出聚氨酯假體可降低但不能完全消除包膜攣縮，這種假體的缺點是假體置入時更困難，在置入過程中聚氨酯塗層脆弱，很容易從矽凝膠外殼上脫離。

有報導聚氨酯假體置入術可導致慢性疼痛和慢性肉芽腫，後來臨床逐漸不再應用。1991 年，美國食品藥品管理署（Food & Drug Administration, FDA）正式禁止臨床上使用聚氨酯假體，因為聚氨酯可降解為一種致癌物質（2- 甲苯二胺）而懷疑它有潛在的致癌性。但因其能明顯抑制攣縮發生率，故動物實驗仍在進行。

關於聚氨酯假體可阻止或延緩包膜攣縮的發生，有兩種為大多數人所接受的理論：一是聚氨酯塗層阻礙干擾了膠原纖維並行排列的形式，而成隨機排列的形式；二是聚氨酯塗層可阻止矽凝膠滲漏，避免包膜攣縮。

④織紋面假體。對 PCI 的懷疑導致了對假體表面結構的進一步研究，於是出現了織紋面假體（tixturedsurfacesim plant），包括 Biocell 假體、MSI 假體和 Siltex 假體。3 種織紋面假體外殼略有不同，MSI 假體（Dowcorning公司生產）是用雷射技術在矽凝膠外殼上形成許多遍佈假體外殼的細小密集規則的矽膠棒。Siltex 假體（Mentor 公司生產）矽凝膠外殼呈遍佈假體外殼的細小泡沫狀。Biocell 假體（McGhan 公司生產）矽凝膠外殼由脫鹽技術形成具有吸附性的多孔狀織紋面。大量的研究已證實織紋面假體較光面

假體更能延遲或降低包膜攣縮。織紋面假體為何較光面假體的包膜攣縮率低呢？織紋面使膠原排列更不規則。假體表面結構改變了宿主接觸面，所以，膠原纖維的沉積也就高低不平，這樣導致了包膜更薄、更曲折柔軟、更有彈性、更不易收縮。

⑤其他實驗階段的假體。

A.有機聚合物類填充材料：甘油三酯可調性假體（Trilucent Adjustable Breast Implant 瑞士 Lipo Matrix 公司生產），這種假體由織紋面矽凝膠彈性外殼內注入植物甘油三酯，即豆油構成。填充材料是以含甘油三酯為主的植物油（豆油、花生油、葵花籽油），食用後可經小腸吸收分解成脂肪酸和甘油，最終產生能量或轉換為身體脂肪。這種填充物有很好的生物相容性、抑菌性、X 線透光性、黏性，其物理特性介於矽凝膠和鹽水間。

這種假體還含有跟蹤裝置，即異頻雷達收發機，它帖附在矽凝膠外殼後部，並含有微晶片，這種晶片內含有關於生產廠家、外科醫生的信息，這些信息可通過專門的手提式翻譯機把微晶片中的信息翻譯出來。1995 年這種假體獲得 FDA 准許進行臨床試驗。該專案計畫在美國5 個地方對 50 例患者置入的 100 個假體進行研究。

透明質酸（Hyaluronic Acid, HA）假體，透明質酸是一種天然多糖，可在人體正常組織中發現。臨床上應用的 HA（商品名 Healon）是一種脫水生物製劑，從雞冠真皮中提取，已獲 FDA 批准用於眼科臨床，並有促進傷口癒合作用。儘管 HA 為一種正常人體組織成分，但由於 HA 為高度親水性物質，關於這種假體在體內的降解以及穩定性還有待於進一步研究。

聚乙烯吡咯烷酮假體（polyvinylpyrrolidone, PVP），是一種低分子量「生物膠」，PVP 假體又稱為 Misti-Gold 假體或 Nova-Gold 假體。具有一定的潤滑作用，可防止乳房假體產生折疊性磨損破裂（Fold-flawfracture），PVP 黏性低，填充的乳房假體手感比矽凝膠乳房假體差，手觸壓時有撚發樣感覺，而且 PVP 有流動，造成假體上部凹陷，胸上部可形成皮膚皺襞，故 Iaing 主張將 PVP 充注之乳房假體置於胸大肌下。後來假體生產廠家增加了 PVP 黏性，而推出了 Nova-Gold 假體。但 PVP 充注的乳房假體尚未得到 FDA 的批准，只有美國以外的一些國家使用。

其他正在開發和研製的假體，包括水凝膠、海膠以及羥丙基甲基纖維素和醫用聚丙烯酰胺水凝膠。水凝膠是多糖和水的混合物，化學結構上類似葡聚糖，儘管這種物質是有希望的填充物，但潛在的問題是過敏性、發射透光性和高張性。

目前這種假體在法國進行試驗。海膠從海草中提取出來，挪威的 Arlansmith 正對這種假體進行研究。羥丙基甲基纖維素有很好的生物相容性並有抑菌作用，但這種假體存在的問題是羥丙基甲基纖維素水解副產品的潛在危險性和長期穩定性。醫用聚丙烯酰胺水凝膠假體在我國正在進行臨床研究，其長期效果有待進一步驗證。

B.化學添加物類填充材料：如聚乙二醇（Polyethleneg-lycol, PEG），這種假體在達拉斯大學西南醫學中心研發出來，這種填充物為聚乙二醇和鹽水黏性混合物，手感類似於乳房組織。優點是無毒性、無免疫源性、無致癌性、沒有降解副產品。動物實驗顯示這種聚乙二醇與鹽水混合物的乳房假體破裂後 6 週或 6 個月，沒有局部或全身中毒表現，在歐洲已經開始了對這種假體進行早期臨床研究。

（2）乳房不成形注入材料

乳房不成形注入材料有自體脂肪顆粒及親水聚丙烯酰胺凍膠。

①自體脂肪顆粒。自體脂肪可從自體的腹部、大腿等處抽取，清洗之後，再將之注入乳腺組織下，但每次注入量應不超過 50 毫升。由於存在著脂肪的液化及纖維化，故間隔 1～3 個月後，再次注射。採用自體脂肪顆粒隆胸的方法難以在臨床上得到普遍應用，原因是脂肪移植後有 30%～60%被機體吸收，手術的遠期效果不佳，液化的脂肪容易引起感染、硬結。

②聚丙烯酰胺凍膠。為化學合成物，自 1997 年聚丙烯酰胺水凝膠在我國應用至今，理想的術後效果和嚴重併發症均有文獻報導，另外，是否與乳房疾患有直接關係尚待研究，所以，業內人士對水凝膠的臨床應用問題仍存在爭議。注射聚丙烯酰胺水凝膠隆乳只能在法律規定的範圍內試驗性的應用，由於國內使用病例較少，隨訪時間短，遠期臨床效果有待於長期觀察和驗證，故不少專家建議慎重

使用為宜。

總之，對任何一種新型隆乳填充材料的開發和研製，包括動物實驗、臨床研究以及最終的進入市場，是一個很漫長的過程。除了經時間考驗的矽凝膠和鹽水假體外，還沒有其他更好的材料可資利用，上述的許多材料仍大多處在探索研究階段，臨床應用還有待於進一步嚴格的科學驗證，但願不久的將來有新型的理想的生物材料能為隆乳術開闢新的途徑。

二、隆乳術的適應症和禁忌症

1. 隆乳術適應症

凡是 18 歲以上，身體發育完成，有以下情況者可慎重考慮使用隆胸術。

（1）先天乳房發育不良。

（2）內分泌影響（絕育後或哺育後）所致的發育性乳腺萎縮。

（3）體重驟減，形體消瘦所引起的乳房縮小。

（4）輕度乳房下垂。

（5）乳房欠豐滿，希望增大一些。患者要求強烈，且胸部曲線輪廓具備增大條件者。

（6）兩側乳房大小不一。

（7）乳腺腫瘤術後。

2. 隆乳術禁忌症

(1) 精神病人或精神病傾向者。
(2) 要求隆乳但心理準備不足者。
(3) 乳房周圍或乳房有炎症者。
(4) 心、肝、腎等重要臟器有嚴重器質性病變。
(5) 乳腺癌術後有復發或轉移者。
(6) 有疤痕體質者要慎重。
(7) 要求過高，與自身條件相差很遠者慎做或不做。

三、隆乳術的術前準備

外科手術都需要充分的術前準備，而隆乳術的術前準備尤其重要。醫生和受術者在生理和心理上都必須做好充分的準備。我們將從二者的角度分別闡述相關知識。

1. 醫生的準備

要求做隆胸術的女性除了乳房不大以外，大多都是容顏尚屬漂亮的人物，所以從接診一開始，就應瞭解受術者要求隆乳術的目的。和其他任何美容手術一樣，隆乳術能夠改善受術者的體形，但不能解決任何其他社會性問題，例如，改善與戀愛物件的關係等。這點必須使受術者瞭解清楚，不然術後會失望的。

必須細心地瞭解受術者病史，要注意任何以往的乳腺疾病以及青春期乳房的發育和妊娠、哺乳對乳房的影響，必須瞭解有無乳腺癌的家族史。體格檢查必須全面，特別要注意乳房及腋窩淋巴結的觸診。任何陽性發現都必須進一步追查，以保證接受隆乳術的是一個正常、健康的婦女。如果發現任何感染灶，即使是遠隔部位的感染灶也應推遲手術時間，直到感染治癒。

應當確切地瞭解受術者希望一個多大的乳房。一般情況下受術者只能說出一些意向性的要求，例如「中等大小」、「稍大些」或「盡可能大些」等。醫生必須根據受術者的願望，以及全身和局部的條件，估計出每一側乳房需要植入多少毫升的矽膠囊。矽膠囊的毫升數等於所需乳房的毫升數減去乳房原有的毫升數。

所需乳房大小的參考因素有：身體較高的人，乳房相對大些；體重大（較胖些）的人，乳房需大些；胸廓較扁平的一側乳房需大些，而胸廓較突起的一例乳房可以小些；胸廓是狹長形的，乳房不可能太大等等。同一個乳房假體，給這個受術者可能太小，給另一個受術者卻正好合適。有的受術者雙側植入同樣大小的假體，術後卻顯得一大一小，左右不對稱。因此，上述的估計必須小心細緻，力求準確。

估計乳房假體的大小，需要對受術者的身體進行測量，並需要醫生有一定的經驗。當醫生不能決定使用多大的乳房假體，或患者不知道將乳房加大到何種程度時，有一個簡單的辦法可以使用。即將乳房假體放在乳罩中，讓受術者戴上，實地觀察乳房大小是否合適，左右是否對稱；也可用適當大小的塑料袋灌上一定毫升數的清水做上述試驗。

還有一些具體措施如下：

（1）全面體檢化驗，作細胞及出、凝血時間檢測，排除有血液疾病的可能，無嚴重內科疾病及局部感染灶者，方可手術。

（2）囑患者術前一個月應停止服用避孕藥、雌激素等類停用，阿司匹林等易引起創面滲血的藥物。

（3）手術時應避開月經週期。

（4）根據患者自身條件及要求決定選用乳房假體的類型及大小；假體基底直徑一般為 10～12 公分，容量為 175～250 毫升。

（5）與患者充分交流後決定手術切口及假體植入的層次。切口可選擇：①腋窩切口；②乳房下皺襞切口；③乳暈周圍切口。

（6）術前標定手術分離範圍：上界到鎖骨下區；下界到乳房下皺襞，內側到胸骨外緣，外側到乳房下皺襞。

2. 受術者的準備

(1) 心理準備（理解風險）

每年有數以萬計的女性成功的進行隆乳術，但任何一個考慮手術的人都要考慮手術的好處和風險。手術的風險

和可能的併發症將會由醫師給受術者講解清楚。一些潛在的併發症如麻醉反應、血液的滲出和引流以及感染等將有可能發生。發生感染時，有極少數病人雖經適當治療仍然不能消退，需要將假體暫時取出，術後乳房和乳頭的感覺可能會有變化，但一般是暫時的。乳房假體植入後，在癒合過程中，假體周圍形成一層包膜是正常的。但有時包膜會變硬並壓迫假體，使假體比正常堅硬。包膜收縮的程度不等，嚴重時會引起不適和乳房形態的變化。此時，可能需要再次手術去除瘢痕組織，也許要去除或更換假體。

乳房假體不是為終身使用設計的，不要期望它永遠保留。如果鹽水假體破裂時，其內容物可在數小時內被身體吸收而無害，但乳房的大小會有明顯變化。破裂的原因可因胸壁外傷，更常見的可無特殊誘因。此時需要手術取出。如果受術者需要定期作乳房造影檢查，應該選擇一家對乳房假體作造影有經驗的醫院。

乳房假體的存在可能會影響早期乳癌的發現。一些應用乳房假體的婦女曾經報告有結締組織和免疫疾病。不使用假體的婦女也可有這類疾病，所以，關鍵是乳房假體是否增加了發生這種疾病的危險。研究表明，應用假體的婦女發生這種疾病的發生率並無顯著增加。

為了防止出現一些不良後果，選擇隆胸術女性均應在手術前深入瞭解以下幾個方面的問題：

第一，真正瞭解為你實施隆胸術的醫師的實際水準：包括她（他）是否為專業的美容整形外科醫師，實施隆胸方案是否與國內公認方案基本一致，如切口的選擇、假體留置的位置及術後的處理等是否合理。萬一發生出血、感染等問題的實際處治能力是否具備等。

第二，隆胸材料的選擇問題：這是對任何受術者均十分重要的問題。包括材料來源是否符合國家要求；材料是否具有相應的檢測數據，至少是目前國內能夠辦得到的檢測數據，材料萬一發生問題有無品質擔保；其次乳腺假體形狀、大小的選擇是否符合受術者的具體條件，如身高、胸廓形狀、寬窄及胸圍、腰圍、臀圍大小和乳腺的實際條件等因素的要求。

第三，你選擇作隆胸術的場所是否具備做隆胸術及處治因隆胸術所發生問題的條件與措施。如嚴格的消毒條件、救治手術意外的能力與措施、處治術後如血腫、感染及形態欠佳等問題的能力及措施。

（2）就診準備和就診

①就診時，醫生將要詢問你期望的乳房的大小，以及你認為重要的有關乳房的問題。這將有助於你的醫生理解你的期望，並確定這些期望的現實性。

②就診時，醫生將檢查你的乳房，並做有關乳房的大小和形態、皮膚的質地、乳頭和乳暈的位置的記錄。

③你應該準備回答你的病史。包括：藥物過敏，接受過的治療，以前作過的手術如乳房活檢，以及你現在服用的藥物。

④可能要問及乳房癌的家族史，應如實回答。關於隆

乳術增加乳腺癌危險的說法沒有科學根據，對此醫生會和你進一步討論。

⑤如果你準備減肥，要告訴你的醫生，他們可根據你穩定的體重而決定假體的大小。

⑥如果你最近準備懷孕，應該告訴醫生，醫生將根據您的要求和交談情況確定您的假體大小。隆乳術不會影響懷孕和哺乳。

四、隆乳術式詳解

隆乳術的術式隨著隆乳材料的發展而變化著的。縱觀隆乳術百年發展史，在上世紀60年代以前，整形醫生們嘗試過各種注射隆乳術，自體組織移植術。

1963年GRONIN用儲有矽橡膠液的矽橡膠囊假體隆胸，取得了良好的效果，乳房假體植入隆胸術在世界各地得到普及，且成為目前最安全的手術方法，現將目前應用較多的各種隆乳術分述如下：

1. 乳房假體植入術

(1)隆乳術的切口設計選擇

隆乳術中常用的切口有腋窩橫皺襞切口、腋窩前皺襞切口、乳暈下切口及乳房下皺襞切口。過去尚有腋前線切口，目前已很少採用。

①腋窩前皺襞切口。切開皮膚、皮下組織後，顯露胸

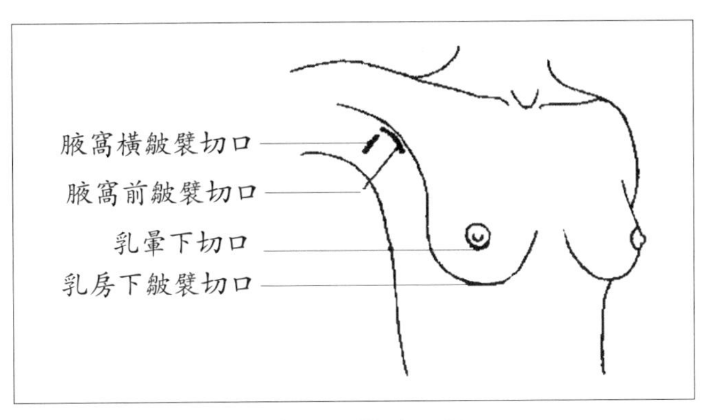

隆乳切口設計選擇

大肌外側緣，分離胸大肌後間隙，解剖位置淺，不易損傷重要血管，瘢痕明顯，泳裝或帶乳罩不能掩蓋。植入假體因腋窩切口位置或隆乳囊腔製造不良，容易向上方移位。如切口位置低下，易損傷第 4 肋間神經分支，造成乳頭、乳暈感覺減退。

②乳暈下切口。該切口小，乳暈皮膚呈褐色，有結節狀乳暈皮脂腺掩飾，瘢痕不明顯。以乳頭為中心，切口在胸大肌下，間隙可用手指分離，對胸大肌的附著處分離較充分，止血較徹底，術後假體位置自然、逼真。為防止損傷乳腺管，或

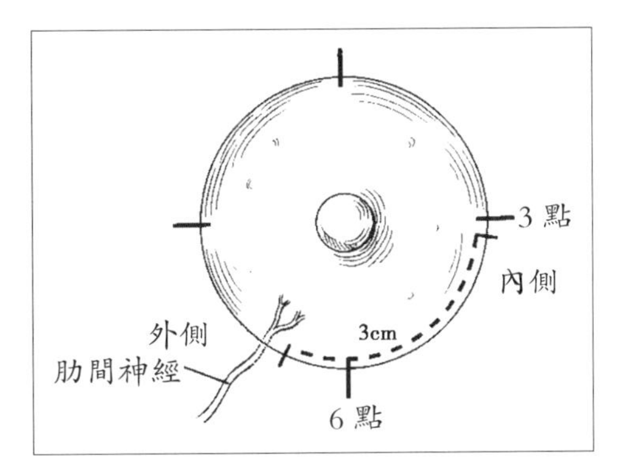

乳暈下切口

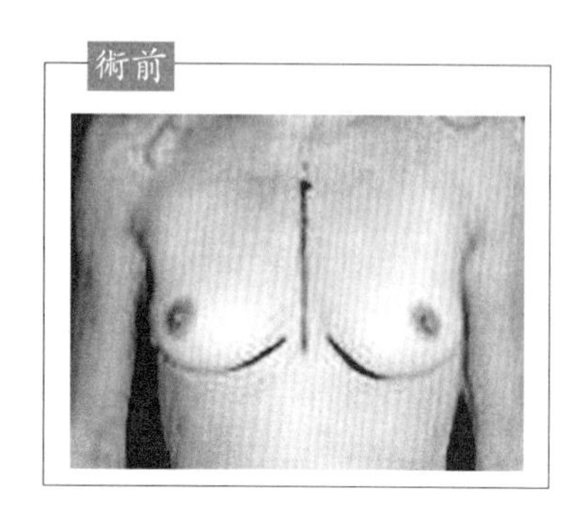

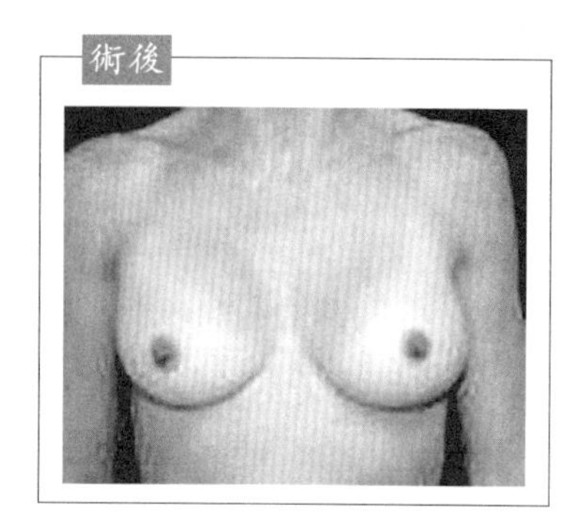

防止術後影響乳頭的感覺與勃起，在乳暈切口後，沿乳腺表面分離到乳房下皺襞，自然地從下皺襞區進入乳腺下或胸肌筋膜下，可防止乳腺管及乳頭平滑肌神經支配的損傷。

③乳下皺襞切口。該切口較隱蔽，與皮膚紋理基本一致，切口瘢痕不明顯，不損傷乳腺組織及重要神經血管；切口處胸大肌組織較薄、顯露好，進入胸大肌下容易，較易分離胸大肌部分附著區，止血徹底；假體植入方便，假體植入後，不易向上移位，此切口也使用於乳腺下埋植假體。但該部位是受力最大處、引流最底位、各層組織最薄處，易併發感染，可致假體外露、切口裂開等。

④腋窩橫皺襞切口。在所有切口中，腋窩橫切口最為隱蔽，且因切口與皮膚皺褶一致，術後瘢痕不明顯，不損傷乳腺組織。但腋窩切口經皮下進入胸大肌下間隙距離較長，設計範圍線下緣的胸大肌內下方和外下方附著點分離

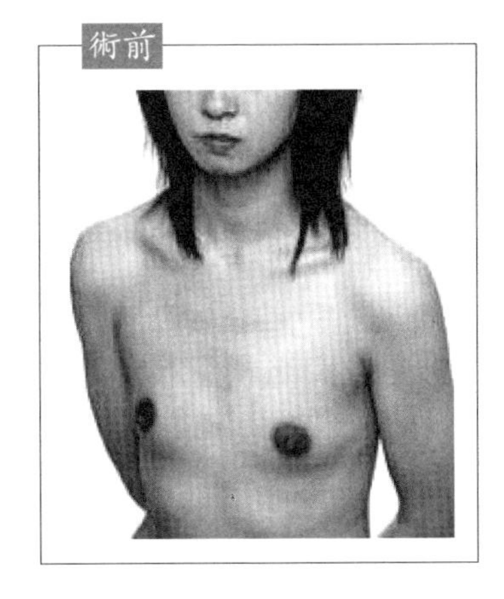

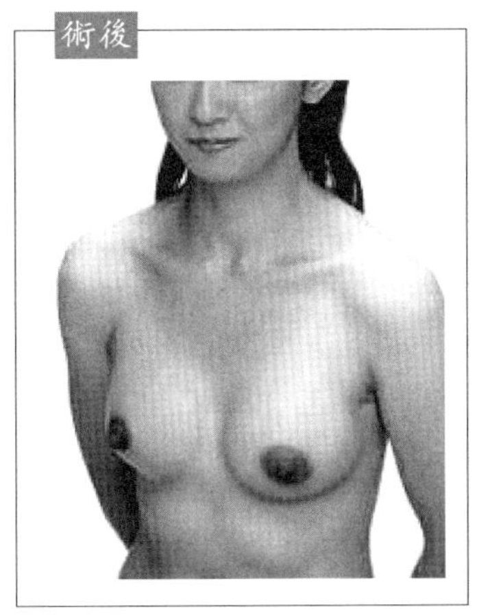

不足，術後可造成乳房假體上移、外形欠美觀。但手術醫生有足夠經驗，則可避免發生這種形態不良的後果。

切口隱蔽當然比較好。由於腋窩切口在腋窩頂皺折處，又有腋毛遮蓋，有較多人採取這種切口。但對於模特兒或喜歡穿露肩無袖者，則不適於該切口。腋窩切口在盲視下操作，剝離下界時相對較為困難，此時可加大該處的剝離力量，並採用槓杆撬撥的原理進行剝離。

另外，在切開腋窩皮膚時，可將切口往內側拉，避免損傷深部的神經、血管。由於腋窩切口和乳房下皺襞切口的切口瘢痕都不容易完全遮蓋，特別是瘢痕容易增生者，尤其在穿著三點式泳衣更為明顯。而乳暈膚色較暗且有結節狀的乳暈皮脂腺偽裝，乳暈下切口瘢痕不明顯，即使瘢痕增生也容易遮蓋，且各種假體均適宜，故乳暈切口更適合我國年輕女性隆乳。乳暈下切口一般適合於乳暈較大者，或者乳頭輕度下垂者。對於要求行矽膠假體隆乳者，要求乳暈直徑 4 公分以上；而對於要求行鹽水假體隆乳者，則乳暈的大小無影響。皺襞切口較多相對比較暴露，在國外採用此切口的較多，因為外國人體形相對較大，較為豐滿，且白種人傷口瘢痕不明顯。該切口可在直視下操作，可放置較大的假體。

（2）手術要點

①經腋窩切口。

A. 雙臂外展。經腋窩皺襞作 3～4 公分切口。

B. 沿皮下深筋膜層向內側分離至胸大肌外側緣，鈍性分開該肌筋膜，找到胸大小肌間的間隙。

C. 依術前標定範圍，以乳房剝離子鈍性分離胸大小肌間隙。

D. 將假體由腋窩切口置入胸大小肌下間隙，如採用充注式假體，注入鹽水後將注水管拔除。

E. 逐層縫合胸大肌筋膜、皮下、皮膚。

F. 乳房外上方適當加壓包紮。

②經乳房下皺襞切口。

A. 在乳房下皺襞中間處作 3～4 公分切口。

B. 切開皮膚、皮下至胸大肌表面筋膜；找到並分開乳腺基層緣與胸大肌筋膜連接處，鈍性分離出乳腺與胸大肌之間的間隙。

C. 將假體置入乳腺後間隙，分層縫合乳腺邊緣與胸大

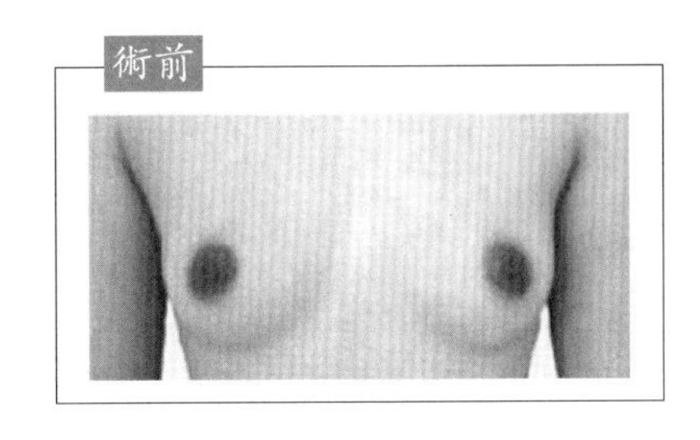

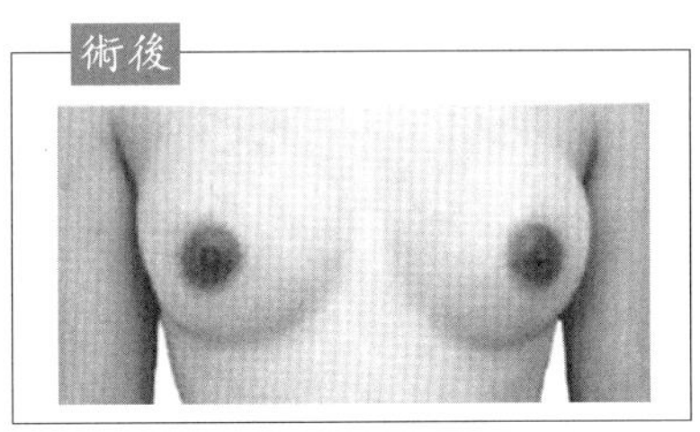

經乳暈切口

肌筋膜、皮下和皮膚。

D. 亦可分離出部分乳腺後間隙後，將游離的乳腺組織上提，顯露胸大肌筋膜。沿纖維走行鈍性分開胸大肌，以乳房剝離子鈍性分離出胸大肌後間隙，將假體植入，分層縫合。

③經乳暈切口。

A. 經乳暈上方或下方與皮膚交界處作 3.0～4.0 公分長半圓形切口，直達乳腺前筋膜。

B. 沿乳腺前筋膜向下分離至乳腺基底緣，分開基底緣與胸大肌筋膜之間的連接處。

C. 將游離後的乳腺組織向上牽拉，分離出乳腺後間隙，將假體置入，或顯露出胸大肌筋膜後，分開胸大肌纖維，游離胸大肌後腔隙，將假體置入胸大肌下。

D. 亦可直接切開皮膚、皮下乳腺組織，在乳腺下間隙或胸大肌下間隙置入假體，分層縫合。

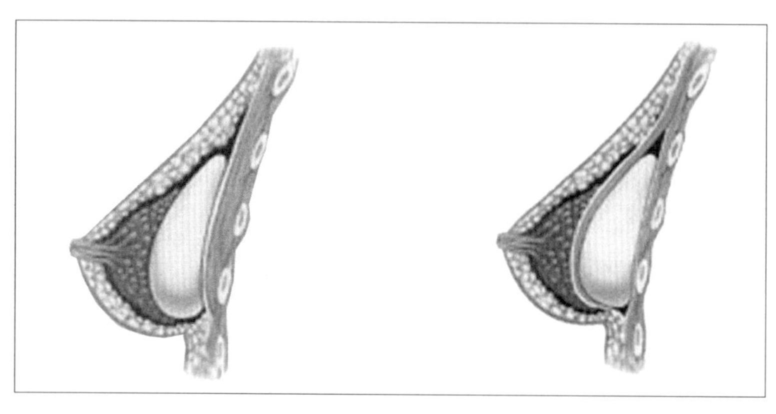

假體放置乳腺組織下　　假體放置胸大肌下

（3）假體的放置部位

假體放置的部位分為以下兩種，各有優缺點。整形醫生應根據受術者的具體條件以及本人的要求綜合考慮。

①乳腺組織下。假體植入乳腺組織下，對於具有一定量的乳腺組織和皮下脂肪，以及具有相當厚度、彈性的乳腺皮膚的女性來說是非常合理的選擇。乳腺組織下隆乳具有能觸及性、可見性以及鹽水假體隆乳的波動感。儘量避免用於十分消瘦和乳腺組織量特別少的女性。

②在胸大肌下。有以下優點：降低包膜攣縮的發生；術後乳房上部飽滿變得不明顯；減少鹽水假體隆乳術後波動感的發生；術後對乳腺疾病的檢查影響較小。胸大肌下隆乳對大多數女性都能取得滿意效果。如有明顯的乳腺萎縮伴皮膚鬆弛、腺體下垂，這種情況下，胸大肌下隆乳不能完全解決乳腺組織下垂問題，術後可能形成雙層乳房

影。

（4）醫生手術注意事項

①作腋窩切口時，切口勿過於靠前，以免損傷肋間神經，影響乳頭、乳暈的感覺。

②剝離的腔隙須足夠大，沒有纖維索條，特別應注意將內下方胸大肌和腹直肌的附著頭分開。

③假體置入前應檢查有無滲漏，最好多副假體以防萬一。

④術中全過程應防治銳器扎破假體。

⑤剝離腔隙至胸骨緣，動作應輕柔，以防損傷胸廓內動脈分支。

2. 注射隆乳術

（1）自體脂肪顆粒注射法

①脂肪抽吸和移植脂肪顆粒的製備。受術者術前取站立位，標記脂肪抽吸的部位及範圍，並測量、攝影和紀

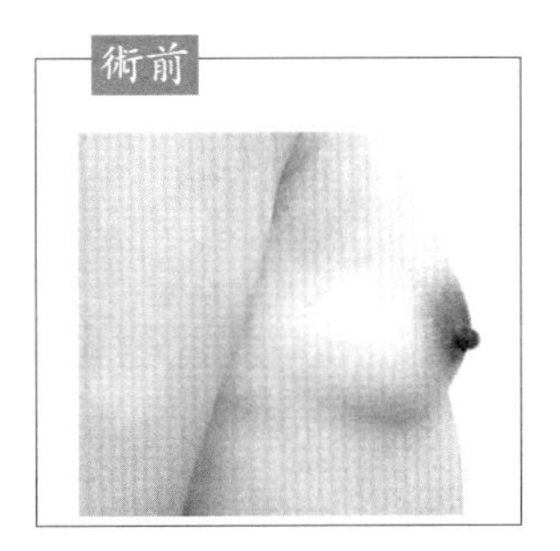
術前

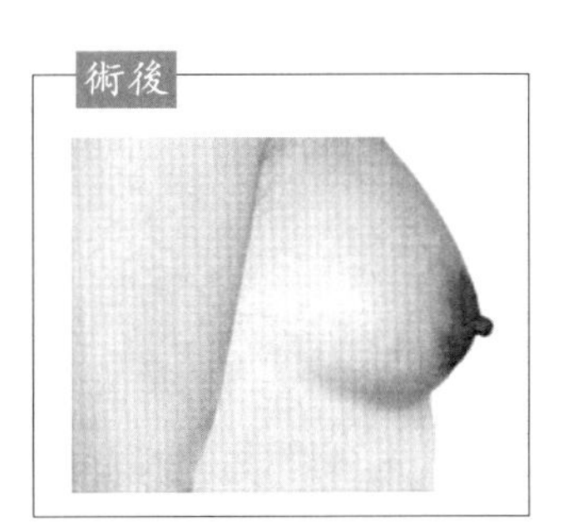
術後

錄。腹部脂肪抽吸選擇在臍孔內緣兩側各做 5 毫米的切口，臀和大腿脂肪抽吸可在骶尾部、臀皺襞、腹股溝內側各做一長 5 毫米的切口。向脂肪抽吸區內注入含有 100 萬分之一到 60 萬分之一的鹽酸腎上腺素生理鹽水，注入量約與估計脂肪抽吸量相同。術後臍孔切口用油紗布填塞，不需縫合，其餘切口用 5-0 絲線縫合。行脂肪抽吸手術時，用塑膠皮膚套管保護切口周圍的皮膚，以免吸脂管在抽吸時皮膚受到損傷，影響傷口癒合。

注射型脂肪顆粒的製備：手術過程中回收脂肪顆粒所用的吸脂管、矽膠軟管、收集瓶等，手術前都必須嚴格地清洗、高壓消毒。抽吸出的脂肪顆粒經 2～4 層紗布過濾後，用生理鹽水反覆沖洗，將已破壞的脂肪、血液洗除，殘留較粗的血絲用鑷子夾除，製成注射型脂肪顆粒。然後，將其分別裝入多個性注射器內備用。

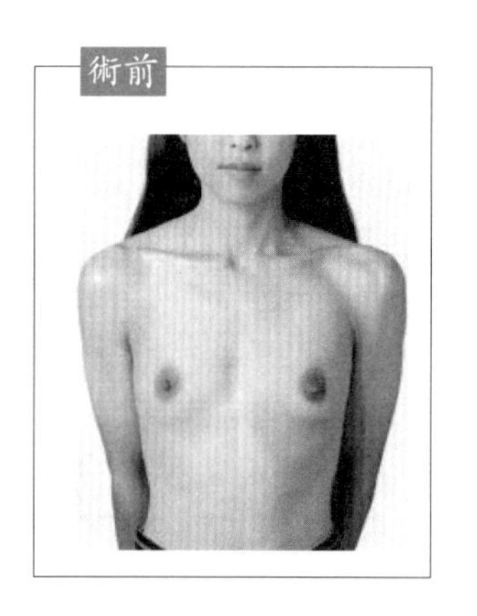
術前

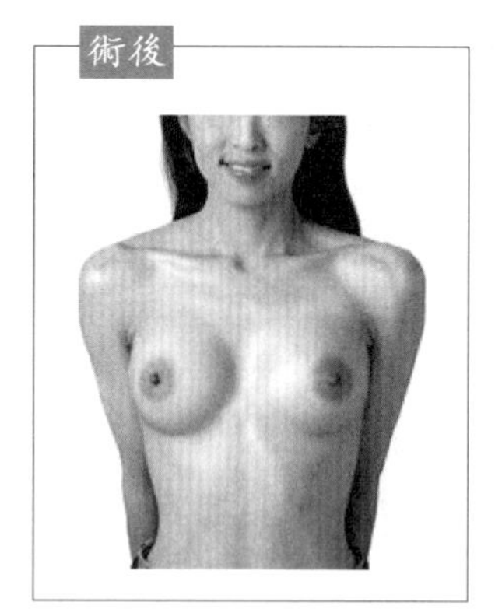
術後

②脂肪顆粒的植入。脂肪顆粒注射專用針頭為單側孔，外徑 2.5 毫米、長 20 公分的不銹鋼的鈍頭針，針頭由乳房邊緣外側切口進入，逐層、均勻地將脂肪注入，從胸大肌下間隙直至乳房皮下，注射時將針頭邊注射邊退出，由深至淺均勻地將脂肪注入。注入完畢後，將受區適當的按摩，使注入的脂肪顆粒能更均勻地分散在組織中，切口用 5-0 絲線縫合。

（2）聚丙烯酰胺水凝膠注射法

手術方法：常規消毒鋪無菌巾，胸骨上切跡與乳頭連線的延長線交於乳房下皺襞處為穿刺點。用 2%利多卡因浸潤麻醉穿刺點，隨後更換 16 號長針頭，左手提起乳腺組織，右手持針由穿刺點刺入乳房後間隙，推注10 毫升配製好的局麻藥藉以撐開乳房後間隙，同時觀察腺體組織是否均勻隆起。如推注局麻藥時引起疼痛為穿刺過深；如皮下

術前

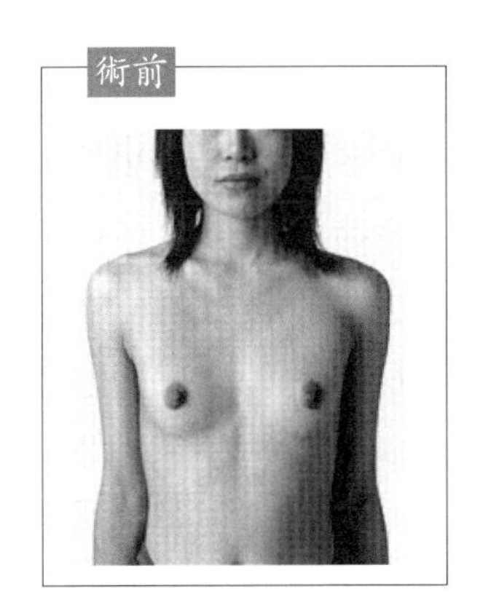

術後

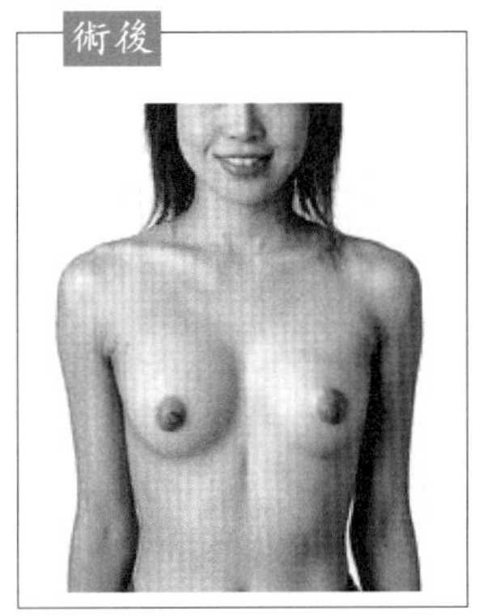

局限性隆起為穿刺過淺；如推注局麻藥阻力較大為穿刺在乳腺腺體內。

成功的穿刺標誌是刺入後阻力消失，乳腺組織被均勻隆起，無疼痛或輕度脹痛。左手固定穿刺針頭，右手將調和後的 PAM 用注射器逐步緩慢推注入乳房後間隙。注射過程中可根據乳房被隆起的形態改變注射方向，但要保持在同一解剖層次，確保ＰＡＭ注射在同一腔隙內，注射量每側乳房 80～200 毫升（單純ＰＡＭ量）。推注完畢後拔出穿刺針頭，雙手按摩乳房塑形，使 PAM 在乳房後間隙內均勻分佈，針眼以創可貼貼緊。

據報導，12 家湖北地區大型醫院的數十名整形外科專家，在武漢聯名發出倡議，反對一味追求經濟利益濫用注射隆胸術，以免給愛美的女性造成一輩子的痛苦。雖然我國規定三甲以上醫院才能做注射隆胸手術，但出於安全考慮，上海幾乎所有的三甲醫院都未開展，他們所使用的均為傳統的矽膠囊假體植入法。

一位不願透露姓名的整形科專家說，號稱 30 分鐘就能立竿見影的注射隆胸手術，其併發症的治療也許花30 年也難徹底解決！他曾遇到一位在美容院進行注射隆胸的中年婦女，注射一個月之後，她的乳房就開始變硬、發脹、紅腫，而且疼痛難忍，乳房腫脹得像排球一樣大，壓迫得她無法躺下睡覺。後來到該院做手術，醫生從其乳房的切開面引流出 3000 毫升的黃綠色膿液。有的女子注射隆胸後引起嚴重發炎，最後只能切除病變的雙乳。

由於注射隆胸號稱不開刀、見效快，目前有許多不瞭解其隱患的愛美女性去嘗試，讓不法醫家、美容院牟取了驚人暴利。據專家透露，注射隆胸材料每毫升成本價不足10元，不法醫家、美容院卻以數倍的價格賣給患者，使低成本的注射式隆胸手術價格反而接近甚至高於假體隆胸。在上海長征醫院等大醫院的整形外科，時常有注射隆胸失敗的女性前往實施「返工」手術。

上海長征醫院整形外科主任江華教授認為，注射隆胸不能說絕對都有問題，一部分人做出的效果還是不錯的，另外一部分人則存在這樣那樣的嚴重問題。有的注射後引起嚴重感染，有的組織內形成硬塊，有的局部胸臂疼痛、酸脹等。因此，女性選擇隆胸一定要謹慎。

筆者推薦使用乳房假體植入術。

3. 微小組合假體隆乳術

自20世紀60年代矽膠乳房假體問世以來，其用於隆乳逐漸受到歡迎，然而有許多問題尚待進一步完善解決，如切口的大小、術中對雙側乳房理想大小的估計、包膜攣縮的抑制、手術的難度以及矽膠滲漏後的安全問題等。楊維琦、楊佩瑛等採用多個10毫升大小的矽凝膠假體（簡稱微小假體）通過堆積組合塑形後進行隆乳的新方法，稱為微小組合假體隆乳術。這種微小假體的結構和置入方法與傳統單一矽凝膠假體類似。他們已應用微小假體進行了5例10側隆乳術。筆者認為該方法在理論上有其相當的合理

5 例微小組合假體隆乳者的臨床資料

病例	年齡	置入假體數	隨訪時間	滿意程度
1	22	左側 24 右側 22	3 個月	滿意
2	25	左側 18 右側 18	1 年	非常滿意
3	33	左側 20 右側 22	3 年	非常滿意
4	35	左側 16 右側 20	6 個月	非常滿意
5	36	左側 22 右側 25	4 年	很滿意

性，值得推廣。

手術方法：局部麻醉、硬膜外麻醉或全身麻醉。手術方法類似於傳統假體隆乳術，取腋窩或乳暈切口，長約2～3 公分。充分剝離胸大肌後間隙，然後將 10 毫升微小假體逐一置入間隙內，直至大小滿意、雙側對稱為止。平均每側置入微小假體 16～25 個。留置負壓引流管，縫合切口，包紮固定。術後第 3 天拔管，1 週後開始乳房按摩。

術後隨訪最長 6 年，最短 3 個月，無論從外形和手感，醫生與隆乳者雙方均感滿意。

方法評析：微小組合假體隆乳術中，每一微小假體的矽膠外殼和內容物與傳統矽凝膠假體完全一樣，乳房最後的體積由堆積在一起的微小假體數量決定，具體操作與傳統假體隆乳術類似。

其優點為：①乳房手感好，外觀自然。隆乳後的外形與傳統單一大假體隆乳相似。儘管微小組合假體表面不太規則，但置入胸大肌後間隙，因原有的軟組織掩蓋並觸摸不出其凹凸不平的表面，因包膜將所有微小假體包裹固定而感覺不出由多個微小假體組成。

②切口小。

③乳房大小容易調整，雙側乳房不對稱易於矯正。

④如發生假體滲漏，因為每一微小假體滲漏量遠遠少於大假體，危害相應縮小。

⑤微小組合假體比傳統大假體可能有更低的包膜攣縮率，原因可能是：第一，微小假體增大了假體包膜的表面面積；第二，當包膜攣縮時，微小假體間可相互滑動如同按摩，可以緩解硬化程度；第三，微小假體表面起伏不平，干擾了膠原纖維的沉積，使膠原纖維更屈曲而富延展性。

本法不適合置於皮下或較薄的乳腺下；否則，易觸摸出單個的微小假體，表現出凸凹不平。此外，對腔穴邊緣剝離的均勻程度要求也較傳統採用單個大假體為高。對包膜攣縮影響的推論以及遠期效果等，還需積累更多的例數及進行更長期的觀察。

五、乳房假體容積的選擇

1. 精確計算乳房假體容積的重要性

（1）對女性乳房美學標準的評判，儘管由於人們生活環境、文化素養、社會地位、心理因素的不同而有差異，但仍應與美學的基本原理相符，即乳房的大小應與身體各

部位的比例相協調。有些受術者由於缺乏醫學美學知識，對置入假體的大小與胸圍將發生的變化不甚瞭解，對手術效果的期望有很大的盲目性，甚至出現超越標準的極端追求，或「越大越好」，或「有一點就行」。不同的施術者，因審美觀、臨床經驗不同，也會有各自不同的主觀標準。因此，制定一個較科學且符合人體美學標準的選擇假體容積的計算方法十分必要。

（2）美學標準表明，身高與胸圍之間存在著一定的比例關係。所以，如何根據受術者的胸圍選擇置入假體的容積，使受術者術後的胸圍盡可能符合美學標準要求，是手術成功的關鍵。

下文談及的計算方法是將手術雙方對手術效果均感滿意的相關測量指標進行統計分析，並結合美學標準而制定。經大量臨床驗證，本計算方法適用於大多數受術者。

（3）接受隆乳的女性，身材各異。按皮－費氏體形指數，可將體形分為三種類型。因此，根據不同的體形，在應用本法選擇假體容積時，應作相應的增減調整。對纖細型受術者，應選擇較實際計算值略小的假體；對粗壯型受術者，則需比實際計算值略有增加。

（4）隆乳術後，受術者是最主要的受益者，其主觀期望直接關係到對手術效果的評價。因此，醫生只能指導受術者樹立正確的審美觀，而不應將自己的審美觀強加於人。應在客觀條件允許的範圍內，盡可能滿足受術者的要求。對要求乳房曲線輪廓較明顯者，可適當增大假體容積，對觀念較為保守者，則可適當減少容積，從而獲得令人滿意的效果。

2. 我國女性隆乳假體容積的精確計算法

應用置入假體的隆乳術，可使乳房發育不良的女性達到豐乳的目的，使她們的美好願望成為現實。然而，置入多大容積的假體才能塑造出既符合人體美學又使手術雙方均感滿意的乳房，是保證手術成功的重要環節。張波等對近年來隆乳且術後效果滿意的103位患者的有關資料進行總結和研究，得到一種計算方便、行之有效的預測假體容積的方法。

我國目前公認的成年女子標準體形的胸圍與身高的比值為0.53，當已知身高時，可得到標準胸圍，即標準胸圍＝身高×0.53。為使術後的過乳頭胸圍盡可能接近美學標準，研究者根據調查列出了過乳頭胸圍與術後兩側乳房總體積的關係：Y＝29.4X－1730。式中Y為雙側乳房總體積；X為術後過乳頭胸圍。因此可得單側乳房總體積＝7.8×身高－865。所以，單側乳房假體容積＝7.8×身高－865－術前乳房體積。

另外，臨床上還常用到一些粗略的方法來估計所需假體的容積。把假體容量分為大、中、小三個等級。大號假體220～300毫升適用於身高170公分左右者；中號假體180～200毫升適用於身高165公分左右者；小號假體150～175毫升適用於身高160公分左右者。無論使用哪種方法都必須與受術者商討並以患者的意見為主。

六、隆乳術的麻醉選擇及改良方法

1. 麻醉方法分類

這裏只介紹乳房假體隆乳術的麻醉方法，分別是全身麻醉、高位硬膜外麻醉及局部麻醉等。

（1）全身麻醉適用於精神心理較緊張的受術者。一般採用靜脈麻醉，也可採用氣管內麻醉，但在國內臨床較少採用全身麻醉進行隆乳。

（2）高位硬膜外麻醉是一種較為安全、易於外科醫師手術操作的麻醉方法。筆者在臨床上多選用這類麻醉方法。

（3）局部麻醉是一種安全、有效且能減少術中出血的麻醉方法，這種麻醉方法由手術醫師自己操作，局部麻醉分為肋間神經阻滯麻醉及局部浸潤麻醉兩種。局部麻醉應有術前用藥，如呱替定（度冷丁）、異丙嗪、地西泮等。

目前隨著全麻藥物安全性的提高和麻醉監護技術的進步，全麻和高位硬膜外麻醉應該是隆乳術的最佳選擇。但隨著手術技術的提高和生活節奏的加快，越來越多的受術者願意選擇門診手術，而門診手術多採用局麻方式。

傳統的局麻方式止痛效果有時不太滿意，受術者常常感到在手術的某些階段，如假體腔穴剝離時疼痛明顯。近年來大量美容工作者在改良麻醉方法方面做了大量的工作，並取得了明顯的效果。

2. 幾種局麻改良方法及評價

（1）朱志軍等採用以手術徑路分次浸潤麻醉結合剝離層面內腫脹麻醉方法。

這種局麻藥物的配製有兩組：一組：0.5%利多卡因 20 毫升 + 腎上腺素 2 滴；二組：生理鹽水 200 毫升 +2%利多卡因 10 毫升 +0.5%布比卡因 10 毫升 +5%碳酸氫鈉 5 毫升 + 腎上腺素 0.5 毫克。

在藥物的配製上，將具有臨床作用起效快、彌散廣、穿透性強的利多卡因與具有麻醉持續時間較長的布比卡因配伍，可以使受術者於術中術後較長一段時間均有較佳的止痛效果；腎上腺素既可收縮血管減少失血，又可降低血內麻藥濃度，進一步提高麻藥效能，起到了「增效減毒」的作用；碳酸氫鈉使游離鹼基增多，亦可加強局麻效果。

這種麻醉方法採用依手術徑路分次麻醉方式，既確切了止痛效果，又避免了盲目注射可能造成的手術層次以外的無用麻醉，從單位時間和總量方面減少了麻藥的用量，大大增加了手術安全性。還因為水壓作用，使麻藥更易進入神經末梢，增強了麻醉效果；使組織間隙容易分離，減少了手術刺激；又因腫脹壓迫血管，可減少組織失血量，增加了手術安全性，術後恢復快。

此麻醉方法簡便實用，費用低廉，特別適合於美容門診和基層醫院推廣使用。

（2）趙宏武等採用局部組織浸潤加鼻黏膜滴定複合麻

醉法。

這種麻醉方法採用三種不同濃度不同成分的麻醉藥品混合液。A 液為氯胺酮與芬太尼混合液共 2 毫升，其中氯胺酮 1 毫升（即 50 毫克 / 毫升）、芬太尼 1 毫升（即 50 微克 / 毫升）；B 液為 0.25% 利多卡因 +0.075% 布比卡因 +1：20 萬腎上腺素混合液，通常取 100 毫升；C 液為 1% 利多卡因 10 毫升。

以 7 號長針頭將均勻的 B 液緩慢注入假體植入間隙範圍內，每側藥液量約 40～50 毫升，並不斷按壓注藥區域，使藥液均勻擴散、吸收。皮膚切口處採用 C 液作皮內浸潤麻醉（因 B 液麻醉藥濃度較低，對切口皮膚麻醉效果欠佳，故採用 C 液）。切開皮膚前，採用 A 液，以 5 號針頭，緩慢向患者雙鼻孔滴入，每側鼻孔約 25～30 滴，滴定完畢後，擠捏患者雙鼻翼約10～15 秒。

此方法安全、操作簡單、效果可靠、易於接受。

氯胺酮與芬太尼的混合液由鼻黏膜吸收後，3～5分鐘起效，很快達到高峰，具有強烈鎮靜、鎮痛、麻醉的作用。如此藥物劑量，我們經多次監測、觀察，患者的血氧飽和度、血壓、心率、心電圖等無明顯變化，故建議在手術中不需要監測。另外，這種給藥方式簡單、方便、易行。

對患有青光眼、重症肌無力者禁用；對患有高血壓、心臟病、支氣管哮喘者慎用；病人應在空腹狀態下應用，以免對氯胺酮敏感者腹壓增高，造成食物反流、誤吸窒息。

（3）謝義德等採用腫脹麻醉 + 杜冷丁、非那根（簡稱杜非）麻醉方法，術後配合逆行三階梯止痛法。

腫脹麻醉配方：生理鹽水 400～500 毫升 + 利多卡因 500 毫克 + 布比卡因 55 毫克 + 鹽酸腎上腺素 0.4～0.5毫克。

簡單、安全、效好的麻醉方式始終是美容外科醫師所追求的目標。應用傳統的局麻作隆乳麻醉效果均不理想，高位硬膜外麻醉及全身麻醉併發症多、危險性大，需要一定設備和專職麻醉人員操作，麻醉後需要留院觀察一段時間方可離院。採用腫脹麻醉和杜非鎮痛，具有操作簡單、不需專職麻醉師、安全、效果好及術後不需留察的特點，特別適用於門診及診所中開展手術。

腫脹麻醉源於抽脂術。因肌肉內的感覺神經明顯豐富於脂肪組織，單純將腫脹抽脂術中麻醉配方運用於隆乳術，效果欠佳，筆者在麻藥中增加藥效強於利多卡因4 倍的布比卡因，再配合杜非鎮痛完全可滿足需求。

由於布比卡因藥效長達 3～6 小時，加上腎上腺素收縮血管和局麻藥超量灌注所形成的壓力對組織中細小血管的壓迫作用，大大地延緩了麻醉劑的吸收，延長了止痛時間，而且明顯減少了術中出血。

由於胸大肌發達者肌間隔也較發達，麻醉效果較差，肥胖者注射麻藥時不便觀察，所以，此麻醉方法對於消瘦者和胸大肌較薄弱者較為合適。

疼痛是每一位受術者最為關切但又常被美容外科醫師所忽視，特別是術後疼痛的處理更未引起醫生的重視。疼痛不僅會影響受術者的飲食、休息和睡眠，還會引起機體

免疫功能下降和影響體能的恢復，世界衛生組織早在 1984 年就提出「癌症患者三階梯止痛方案」其目地就是要提高患者的生存品質，讓患者在無痛的狀態下休息、活動和工作。由於隆乳術術後疼痛特點為術後當天及術後第 1 天較劇烈，以後漸弱，這一變化特點正與癌性疼痛相反，故採用逆行三階梯止痛法鎮痛。

（4）陳伯華等採用胸大肌後間隙腫脹局麻。

麻藥配置：在 0.9%生理鹽水 200～250 毫升中分別加入 1%普魯卡因 20 毫升 l、2%利多卡因 10 毫升、0.5%布比卡因 10 毫升、5% $NaHCO_3$10 毫升和腎上腺素0.5 毫克，混勻備用。

這種局麻有針對性強，安全性高，麻藥量少，效果理想等優點。

為了得到更佳的局麻效果，術前 10 分鐘予注射「杜非合劑」半量，使患者更平靜。局麻注射時，要把整個乳房抓住並提起，這樣才易直接注射到胸大肌後間隙，避免把麻藥注射到與手術剝離層次無關的組織中。注射進針時，如針頭有落空感或回抽有氣體、血液時，要適當調整，只要方法得當，注射簡單實用。

（5）劉鋒等採用肋間神經阻滯加胸大肌浸潤麻醉。

用 2%利多卡因 5 毫升加腎上腺素 5 滴，再加生理鹽水至 50 毫升，，配成 0.2%利多卡因 50 毫升的麻藥。一側麻藥用量一般為 40～50 毫升。

乳房的神經分佈十分豐富，乳腺深部的感覺由 3、4、

5、6肋間神經的分支支配。採用胸大肌下間隙植入假體的方法，由於位置比較深，操作比較困難，若麻醉效果不理想，術中受術者痛苦大，潛行分離的範圍有可能達不到術前設計的範圍，術後效果差。將3、4、5、6肋間神經阻滯及胸大肌浸潤後麻醉，手術分離區域無痛感，可使胸大肌下間隙剝離達滿意範圍。

使用含腎上腺素的局麻藥行肋間神經阻滯及胸大肌浸潤麻醉，還可達到術中血管收縮減少出血的效果。肋間神經阻滯麻醉時應注意防止刺破胸膜。為了避免麻藥用量過大造成毒性反應，在保證有效的麻醉效果前提下，使用低濃度麻藥較為理想，本文利多卡因濃度為0.2%。

七、各種隆乳方法的術後併發症原因分析及補救措施

無論採用哪種隆乳術都有可能發生術後併發症，雖然併發症的發生率很低，但必須讓受術者瞭解接受隆乳術是有風險的。

1. 人工假體植入隆乳術的併發症

(1) 矽膠囊+矽凝膠假體完整假體隆乳術併發症

①假體纖維囊攣縮、硬化：外觀假體輪廓明顯，乳房形態變圓呈球形，有時呈上移或下移狀態，形態怪異，手感較硬。

原因分析：手術後出血淤積，繼發血腫纖維化；分離腔隙過小或置入假體過大；炎症刺激及表面葡萄球菌亞臨床感染；矽膠滲出或破裂；胸部被蓋組織單薄，張力過大；不明原因。

處理：術後半月至半年內出現者，採取乳房按摩的方式。程度較重的硬化，在術後半年或更長的時間採取手術的方式鬆解包膜囊，重新置入假體。

手術方法為：將囊底四周纖維囊環形切開，頂部沿四周放射狀切開，將較大的纖維囊包膜祛除，適當分離腔隙，更換較小的假體，負壓引流，加壓包紮。

②形態不美：乳房上限飽滿，下部乾癟，乳頭下傾，乳房整體無鬆軟自然墜感，或無圓潤、連貫的下皺襞。從主觀的角度看部分術者和受術者尚能接受，但部分受術者強烈提出矯正的願望。

原因分析：術者自身的美。

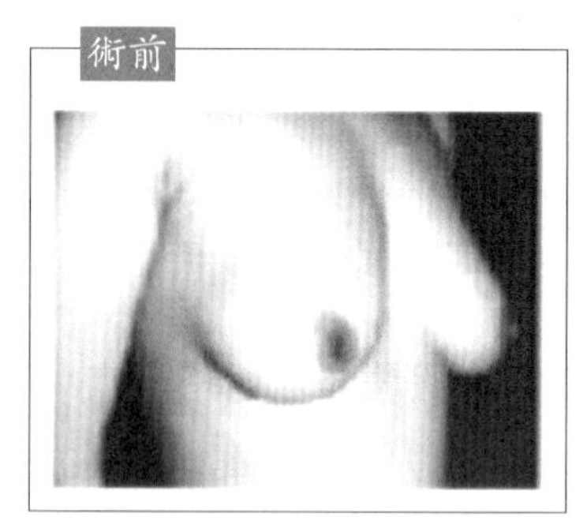

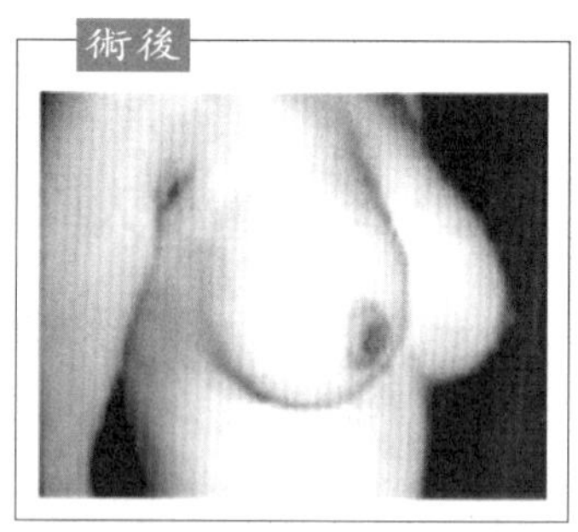

矯正前，乳房上部突出，下部低垂，整體呈長梭形

學修養不夠；貪大的心理；分離腔隙上大下小；選擇假體過大，求美者自身條件不佳；乳房纖維包膜囊攣縮變形。

處理：更換原有較大的假體；在乳房下皺襞處分離到位；放置負壓引流，防止纖維囊攣縮硬化。

③假體滲漏及破裂：表現為乳房體積變小；假體破裂對組織有刺激性反應，如紅腫；後期（6個月以上）滲漏或破裂，有纖維囊攣縮或急性炎症現象。

原因分析：術前及術中對假體質量檢查不仔細；術中填塞假體時張力過大或器械損傷假體囊膜；分離腔隙過小，假體未得到充分舒展，囊膜皺褶經反覆運動而老化破裂。

處理：取出假體，清理包膜囊內的矽膠污染；依據受術者要求和局部情況重新更換假體或閉合切口；加壓包紮，封閉死腔。

④心理異常：乳房無任何不良體徵，但心理不適感受，有隆乳術後可能誘發疾病的恐懼感。

原因分析：術前對受術者隆乳的心理動機瞭解不夠；對人格、心理異常者手術；對受術者未進行必要的心理輔導。

處理：心理輔導，對隆乳術給予正確客觀的評價，緩解求美者的恐懼心理；術後心理治療無效後取出假體。

⑤血腫：突然出現的乳房術區或放置通道劇烈腫脹、疼痛；乳房體積增大、張力高，手感硬；胸部尤其在乳房下皺襞有皮膚瘀斑和青紫。

原因分析：術中局部、術後全身未採取止血措施；術中解剖層次不清，操作粗糙，損傷較大的血管；未放置必要的引流裝置。

處理：緩慢的腫脹採取負壓抽吸，抽出血凝塊，局部應用止血藥並加壓包紮；取出假體後尋找出血的血管並結紮之。

⑥感染：局部有腫脹、疼痛；偶見有切口發炎、滲液；時有發熱症狀；偶見有靜脈炎症狀。

原因：假體消毒不嚴格；手術器械及手術無菌條件較差；手術者無菌操作觀念差；血腫、線頭、棉紗等存在；美容受術者身體抵抗力低下。

處理：取出假體對創面進行徹底清洗；放置引流；視局部及全身情況決定是否重新放置假體；應用大劑量抗生素及支援療法控制感染。

⑦假體外露：早期：傷口有炎性反應，切口不癒合；後期：無炎性反應，假體因纖維囊攣縮從皮膚張力薄弱處露出，往往在切口處。

原因分析：縫合時沒有分層嚴密縫合；假體過大致切口張力大，切口缺血延期癒合；假體埋置位置過淺；纖維囊攣縮致假體從皮膚張力薄弱處疝出；手術過程中損傷胸大肌，出現肌肉局部缺損，皮膚直接接觸假體，久之皮膚潰破。

處理：更換小的假體；針對出現的原因分別採取不同的處置方法。

⑧切口瘢痕：切口瘢痕較粗大、明顯，影響美觀。

原因：術者外科縫合技術較差；皮膚切口挫傷較重；

切口缺血感染；過大假體置入致切口張力大而損傷切口皮膚；美容物件自身有瘢痕體質傾向。

處理：更換小的假體；在條件許可的情況下，切除瘢痕重新對位縫合。

⑨乳房感覺異常：早期有腫脹感，乳頭及乳暈感覺敏感；偶有乳汁外溢現象；有放射性疼痛或乳房脹痛；乳房體溫低於周圍組織溫度。

原因：假體本身的異物感；假體充填後刺激周圍組織血管擴張，乳房血液回流致性興奮性增加；第四肋間神經皮支受牽拉或損傷後敏感性增加；假體埋置層次偏淺。

處理：心理輔導；感覺明顯持久者可考慮取出假體。

⑩乳房畸形：乳房形態怪異，無正常形態曲線，缺乏美學特徵。

原因：分離的腔隙及範圍嚴重失誤；較重的乳房下垂者未作乳房懸吊處理；假體的大小與受術者的身材不協調；假體移位。

處理：較重的乳房下垂應先做懸吊術處理；更換較大的假體；乳房下皺襞應分離到位；選用體積合適的假體；術後乳房上部加壓包紮；放置負壓引流，防止纖維囊攣縮、硬化變形。

⑪氣胸或膿胸：是十分少見的併發症。因手術在分離胸肌時進入胸腔，可造成液氣胸、血氣胸或膿胸等併發症。預防方法是分離胸肌時，宜在直視下進行，並且在肋骨表面分離胸肌，不要在肋間分離胸肌，以免進入胸膜腔。

以上列舉了多種手術併發症總結如下：

血腫是隆乳術中及術後早期較為常見的併發症，輕者易導致感染形成膿腫，或引發後期的包膜攣縮，乳房發硬，局部疼痛；嚴重者，若未得到及時處理可危及生命。這類併發症應當儘量避免。因此，術前應作血常規及出、凝血時間和血小板計數檢查，排除有血液疾患的可能。而且，手術應避開月經期。

必要時，術前 2 日應用維生素 K_1 10 毫克 / 日。更重要的是手術醫生必須熟悉人體解剖，操作精細，止血確切，剝離的囊腔內放置負壓引流，以便引流囊腔內出血。

隆乳術後形態不佳，或乳房假體位置過高，尤其是假體向外上方移位，或兩側不對稱，或乳房下垂。前兩種情況多數是因為剝離囊腔不當，特別是假體安放在胸大肌下時，胸大肌附著點及下外側胸肌筋膜分離不充分，或者是術後包紮塑型不確實造成。

手術時，需注意充分剝離囊腔，尤其注意胸大肌附著點及下外側胸肌筋膜的剝離。術後，包紮塑型確實，並根據實際情況加以調整。

乳房下垂則是由於剝離囊腔過大，超過乳房下皺襞所致，此類併發症多半發生在假體置於乳腺下的病例，也可發生在乳房皮膚鬆弛及假體過大的受術者。筆者就曾診治一女士，為追求西方女性大而性感的乳房，選擇了過大的假體，術後不久即出現乳房下垂，假體突於皮下，最後不得不重新手術，更換假體。

在術後晚期包囊攣縮有一定的發生率，尤其是西方女性，東方女性則相對低得多。其病因目前尚不清楚。減少手術損傷、防止出血和血腫、防止異物進入隆乳囊腔、術後乳房按摩、防止術後乳房損傷等，是防治和減少包囊攣縮的有效手段。一旦出現包囊攣縮，必須進行手術治療。

假體外露發生較少，多與選擇乳房下皺襞切口有關，一旦發生宜取出假體。假體滲漏多數因假體質量不佳或手術操作不當所致，一旦發生必須取出假體，更換假體，或終止隆乳。

術後感染因手術環境消毒條件不符合要求、無菌操作不當造成。

有些較為少見的併發症，如假體肉芽腫、氣胸或膿胸等，不容忽視。因此，在此提醒想要隆乳的女性朋友，應對手術併發症有所瞭解，盡可能減少併發症的發生，使隆乳能真正達到錦上添花的效果。

（2）充注式矽膠囊假體隆乳術併發症

充注式矽膠囊假體是人工乳房假體中特殊類型，在臨床上並未普及，這類手術併發症不但與上述假體隆乳術有共同之處，因其在假體內容物和手術流程上有其自身的特點，所以，併發症方面也有著其不同之處。

①纖維包膜攣縮或伴有囊內細菌生長。併發症出現在術後 2～5 個月。主要表現為乳房變硬，偶有輕度疼痛，無局部炎症表現。發生纖維包膜攣縮的原因可能是：矽膠囊所致異物反應；術中分離腔隙不足；包膜腔內感染；手術

損傷重；纖維包膜攣縮有單側也有雙側，可能是由於術者操作的差異。至於細菌或真菌感染，可能由於術中污染所致。

②纖維包膜腔內積液：分析積液原因可能為：感染所致炎性滲出；不顯性外力造成的軟組織挫傷液化；不除外纖維包膜滑液囊腫形成。

③囊內液慢性洩漏：表現為術後患側乳房逐漸減小，直至接近術前水準。探查取出假體完整，囊內尚殘存有少量清澈透明的液體。此併發症應屬產品品質問題，可能是：注水閥門不能充分關閉，雖經術前檢查正常，但仍存隱患；囊壁屬半透膜，囊內液慢性滲出。

④假體破裂：單側乳房突然縮小到術前水準，超聲顯示矽膠囊壁皺折，囊內外均有液體存在。手術探查，液體細菌培養為黏液沙雷氏菌，在假體靠近底盤處有一約針眼大的小孔，多係產品品質問題。

2. 注射隆乳術的併發症

(1) 聚丙烯酰胺水凝膠注射隆乳術併發症

聚丙烯酰胺水凝膠豐乳術的併發症發生率相對較高且難以糾正，這在前文已有敘述，需引起整形外科醫生和廣大患者的重視。

①雙側乳房不對稱：其表現特徵為雙側乳房位置形狀不對稱及大小不對稱，原因一般為雙側乳房術前不對稱或注射位置不對稱及雙側注射量不同。對於形狀不對稱者一般由術後按摩可改善，對於大小不對稱者於術後 2～3 月後

補充注射一定量的水凝膠。

②切口材料漏：其表現特徵為輕微疼痛，注射點紅腫不明顯，漏出材料外觀清潔，無混濁，注射針道上可觸及條索狀硬結。原因一般為注射口及通道內注射材料殘留，注射口癒合不良或注射材料過多，乳房張力較高及注射材料過度稀釋。治療時將注射口及注射通道裏的材料擠出或抽出，生理鹽水沖洗乾淨，注射口縫合，彈力繃帶加壓包紮 2～3 週。

③乳房硬結：表現為乳房可觸及一個或多個硬結，按壓時疼痛，B 超示乳腺及胸大肌內有一個或多個低密度回聲區，原因一般為注射時多點注射，注射材料不在同一層次內，注射到乳腺及胸大肌內的材料形成局部包裹，處理方法為在 B 超引導下將硬結內的材料抽出。有的表現為乳房整體手感發硬，B 超示乳腺後呈一完整的低密度回聲區，原因一般為注射後按摩方法不當，注射材料周圍形成包膜所致，將 10～20 毫升 0.25%利多卡因注入注射區內，稍用力按摩，使包膜破裂，乳房即可柔軟。

④血腫：其表現特徵為注射後持續性疼痛，乳房張力高，體積增大，但局部無紅腫發熱，有時有瘀斑，血象正常，原因一般為注射時注射針尖碰到小血管或用力擠壓，出血量少時可保守治療；出血量多時，一般需將注射材料和血腫抽出，加壓包紮。

⑤感染：其表現特徵為乳房腫大、疼痛，乳房局部溫度升高、發紅，注射口漏出的材料多呈黃色或草綠色，細菌培養多為桿菌，可能原因為無菌操作不嚴格，細菌和霉

菌手術時帶入乳腺內，或注射物注射入小葉內，局部組織張力增高，乳腺內非致病菌在某種條件下大量繁殖，引起乳房感染。

處理方法：在低位切開引流，抽出材料，沖洗，靜脈用抗生素抗感染。

⑥胸大肌炎：表現為患側上肢外展明顯受限和牽拉痛，患者多伴有散在或局限性硬結。術後持續性疼痛，並放射至雙上肢，雙上肢撲翼樣震顫，需排除血腫及感染，抽出注射材料後疼痛仍不緩解，分析原因可能為注射材料中單體成分對神經的毒性反應。給予彌可保等神經營養藥物治療後疼痛緩解。

（2）自體脂肪顆粒注射隆乳術併發症

脂肪顆粒可採用胸大肌下、乳房內或皮下注射法。感染是自體脂肪顆粒注射隆乳術最常見的併發症。胸大肌下的感染灶亦在乳腺下形成膿腫，因此，推想乳腺組織抗感染能力較胸大肌弱。

皮下注射後易形成皮下脂肪囊腫，導致皮膚破潰，多點注射則多處破潰，癒合後形成皮下結節。乳腺組織內注射，可以誘發乳腺炎，如不及早治療，有發展成乳腺膿腫的後果。一旦膿腫形成，應及時切開引流，反覆沖洗，待液化脂肪流盡後方可治癒。

對多發散在性小膿腫治療比較困難，膿腫可在不同時期形成，因此，病情反覆發作，治療時日延長，並將在乳房內後遺持久不消的結節。若能及早治療，應用大量廣譜抗生素，輔以局部物理治療，可望控制乳腺膿腫的形成。併發乳房膿腫後將導致乳房萎縮，並後遺多處切開引流瘢痕，併發乳腺炎及竇道形成，長期不癒，最終乳房體積縮小，達不到隆乳效果。

總的來說，注射隆乳術的併發症都因植入材料不能完全取出而難以治癒。所以，在選擇隆乳材料時應慎重。

八、隆乳術的術後護理

（1）保持引流通暢

由於分離假體腔隙的創面較大，故術後應常規放置引流，我們採用最多的為負壓引流，如果止血滿意也可不放引流。引流管一般放置48 小時拔管後即可下床活動。

（2）術後處理

術後患者取半臥位，用彈力繃帶加壓包紮，不宜用過緊過硬的乳罩；術後 48 小時內應檢查傷口及乳房假體的位置，如發現假體移位或兩側不對稱，應用手法調整後再用敷料加壓包紮固定，穩定 10～14 天後去除繃帶。

（3）近期併發症的觀察及護理

創面止血不佳或術後引流不暢所致積血積液，造成切口感染。為預防感染，術後應嚴密觀察引流液的量和色澤，並保持通暢，常規全身應用抗生素 3～7 天。嚴密觀察術後體溫，及時更換傷口敷料，發現異常應及時通知並協助醫生檢查傷口，如發生嚴重感染，必須取出假體。

（4）遠期併發症的觀察及護理

矽凝膠乳房假體是異物，植入後有可能引起組織反應，在其周圍形成纖維囊包裹假體，如發生攣縮可使乳房變硬和變形。

應用理療及手法按摩等方法，以期減少疤痕收縮，同時鼓勵患者拆線後早期下床活動，經常對雙側乳房進行按摩，並按醫囑口服減少疤痕增生的中、西藥物。

（5）康復指導

①術後 2 週內嚴禁上肢大幅度外展及上舉活動，以免引起胸大肌的收縮，導致假體移位，或引起出血，影響傷口癒合。

②4～5 天後無併發症者可在責任護士指導下開始進行乳房按摩，防止攣縮。

方法是：將乳房向內、外、上、下輕推及循環按摩，每天 2～3 次，每次 5～10 分鐘。

③2 週後可以熱水淋浴，但避免水過熱，局部避免用熱水袋。

④術後 1 月可開始逐漸加大上肢活動範圍，如上肢上舉，前伸及擴胸活動。

⑤術後 2 月可恢復至術前上肢活動範圍及進行正常工作，但避免劇烈運動。

⑥避免局部暴力傷，特別是銳器傷。

⑦術後 1 個月、3 個月、半年、1 年門診隨訪，隨訪內容為假體位置、形態變化及局部有何不適。

接受隆乳手術體現了人們較高層次的心理需求，即美化自身，得到社會的承認和贊許。但由於長期世俗偏見，不少人不理解患者的痛苦與合理要求，對隆乳術持有非議，所以患者的心理負擔較重。醫院在護理上要做好正常的手術護理、心理護理，並根據個體不同的心理素質、身體條件及併發症發生的潛在因素來提出預見性護理措施，堅持做好患者的康復指導工作，確保手術效果。

九、受術者普遍關心的問題

1. 矽膠假體會引起乳癌嗎?

行隆乳術的婦女有一種擔心，認為矽膠假體做為異物長期留置於體內會對人體造成不良影響，加上某些非正面的報導，矽膠假體可引起乳腺癌，使人們的擔心更加明顯，但到底矽膠假體有無致癌性呢？

為了取得足夠的證據，整形外科醫師在此方面做了大量的流行病學研究，有兩組資料值得關注，一是加拿大的Albert 對11676 例乳房假體植入病人隨訪 13 年，另一組是洛杉磯的病人平均得以隨訪 15.5 年，得出同樣的結論：隆乳病人比正常對照組有較低的乳腺癌發病率。同樣，在動物實驗中也沒有證實乳房假體會引起乳癌發病率升高。

這些小乳婦女不易患乳腺癌的原因可能是矽膠起到了一個生物學保護作用，從而可以對抗乳腺癌。為此人們也進行了有關動物實驗，在應用明確的致癌物進行刺激癌症發生之前，如接受矽膠假體比未接受矽膠假體，其乳癌的發病率明顯較低，在乳腺組織下植入矽膠假體在統計學上也發現較對照組發病率較低，差數為 52.5%，從而得出結論：矽膠不僅不會增加乳癌的危險，反而可由對乳腺組織的局部作用而降低乳癌發生率。

在遠離乳腺組織的背部植入假體的動物，比在乳腺下植入者，其乳癌發生率高出 34%，這種假體的保護做用可能與假體直接與乳腺組織接觸以及纖維囊形成後的巨細胞反應有關。

在另一份類似的報告中也顯示：進行乳房假體植入的婦女的血液在體外培養中能殺死乳腺癌細胞。但為什麼有隆乳術的婦女出現乳癌呢？少數病例當然是存在的，只是發生了乳癌，不要遷怒於假體隆胸術。反過來想，沒有行乳房假體的婦女不是同樣有較高的乳腺癌的發病率嗎？因此，不能從個別病例來給矽膠假體對乳腺組織的作用下結論，應用統計學的科學分析可以看出，矽膠假體隆乳是相當安全的。

2. 隆乳術哪一種材料最好?

目前較好的材料有：矽凝膠假體、鹽水假體、雙腔式乳房假體、砒咯聚酮（pvp）材料。隆乳術最常用的充填材料——矽凝膠，因其本身的某些理化特點，使得隆乳術仍然可能會出現一些不易矯正的併發症。如矽凝膠假體外層的膠囊刺激假體周圍組織形成纖維結締組織包膜、包膜攣縮、乳房硬化，使乳房失去其漂亮的外形和柔軟的彈性。再如，矽膠囊內的矽膠滲漏到體內，又有報導說易於出現原因不明的結締組織病。

上述這些使許多想做隆乳術的女性望而生畏，使得隆乳術的發展受到了限制。針對這些情況，許多廠家對其產品進行了改進。

首先，一些廠家改變了包膜的光滑度，將光滑的外膜改變為粗糙的外膜，目的在於破壞組織包膜的完整性。但是臨床實踐證明，這種粗糙面的矽凝膠假體並沒有降低包膜攣縮的發生率。

其次，一些廠家用生理鹽水替代其充填的矽凝膠，目的在於最大程度地減小矽凝膠對人體的影響。但是，鹽水滲漏可使乳房體積變小，兩側滲漏率不等，使兩側乳房不等。針對上述兩種乳房假體的優、缺點，現在又生產出一種雙腔式乳房假體。這種假體囊是由兩層矽膠膜組成，內層充填矽凝膠，外層充填生理鹽水。比較受歡迎。砒咯聚酮材料，為一水凝膠假體，能較大程度地減小包膜攣縮，一旦這種假體破裂，其內充填的材料可以安全地經腎臟從體內排出。還有一種聚凝膠假體，因其矽凝膠分子量的改變，使其基本上不滲漏。

這兩種新型材料不僅適用於一般隆乳，也適用於其他方法造成乳房變硬，局部疼痛，要求更換假體者。當然，最好的材料是自身的組織。應用顯微外科技術，將自體脂肪組織或肌肉組織植於乳房深面，創造出富有彈性的「活」乳房。這種手術技術要求高，且留有新瘢痕。

3. 現在隆胸術費用高嗎?

近年來使用較多的是矽凝膠或水凝膠乳房假體，它的優點是手感好，不易滲漏。它的價格根據廠家不同（有國產和進口之分）有差別，一般在 4000 元至 18000元不等。進口假體廠家有美國 Mentor、Mcghan，英國Nagor、法國 ES 等。國產假體有上海康寧、威甯、信盛、廣州萬和、浙江等地的產品。總體來說，進口產品品質好於國產假體。

4. 矽膠假體隆乳會引起不良反應嗎?

隆乳術是常見的美容外科手術之一，在美容外科手術中占第三位，我國每年都有數以萬計的人接受矽膠假體植入隆乳術。該手術簡單，損傷小。它是由皮膚上的一個小切口，將一個適當容積的矽膠假體放入乳腺組織或胸大肌下，使胸部隆起，故術後效果很好。

該手術自 1963 年發明以來，世界各國都在使用，僅美國就有近 200 萬婦女採用此種方法達到美容目的。但在 1992 年 1 月美國食品與藥品管理局正式宣佈矽膠囊乳房假體對人體有害，廠家應停止生產，醫生需暫停使用。因為有人報導發現植入的矽膠囊乳房假體可能使免疫功能失調，引起自身免疫性疾病。

這一消息在全世界整形美容界引起強烈反響，許多想接受此手術的人產生了動搖，一些已行此項手術的人也開始擔心自己會不會成為受害者。

其實，大可不必如此大驚小怪。根據大量的實驗研究以及追蹤調查，目前尚不能證實矽膠囊假體與自身免疫性疾病之間的因果關係，在國內也未見到引起自身免疫性疾病的報導。因此，在我國也未限制生產和使用矽膠囊假體。

據推測，影響免疫功能失調的主要原因可能是矽膠囊內液態矽膠外滲到組織內，對免疫系統敏感的受術者可能造成危害。因此，只要手術操作過程中精心，仔細，術後良好保護乳房，避免強烈的碰撞，是會避免矽膠液的外漏的，不會對人體產生不良影響。

但有一點必須提醒您，整形隆乳美容手術是一項科學性很強的手術，故一定要到正規醫院請有經驗的醫生手術。術後密切觀察，定期作必要的檢查，及時發現問題及時做出相應的處置。同時在實行了隆乳術後不要產生不必要的心理負擔。

5. 隆乳術後會影響哺乳嗎?

對於未婚未育的人來說「注射法隆乳」是不可取的。

對於假體置入乳腺後間隙者可能會有些影響，但由於假體外會形成一層包膜，矽凝膠不會滲入乳汁中。所以，影響不會太大。對於假體置入胸肌後間隙者則就不會對哺乳產生影響。但懷孕和哺乳會影響乳房的大小，改變的程

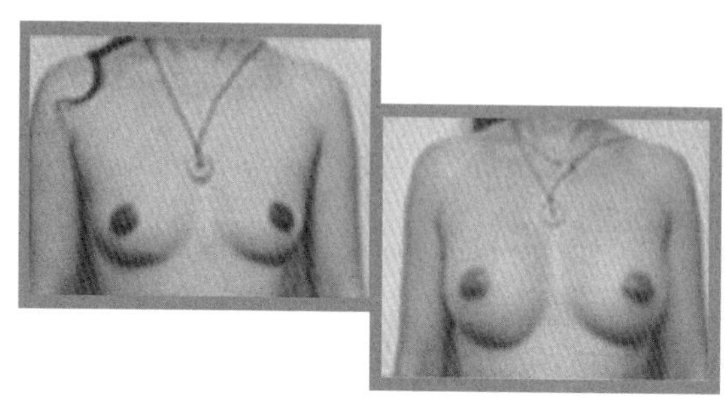

隆乳術的術前術後外觀

度難以預料，會影響隆乳術的遠期效果。

6. 關於隆乳術的術後外觀

正常乳房有 2/3 覆蓋於胸大肌前，1/3 覆蓋於腹直肌及腹外斜肌前，而隆乳術是：將乳房假體置於胸大肌後，故術後雙側乳房相對靠外側，一般不能形成「乳溝」，對於胸廓較寬者表現尤為明顯。

完美的乳房的外上部向腋窩方向突出，形成「腋尾」。而隆乳術後的乳房外觀，往往不能形成「腋尾」，故外觀不夠真實、生動，特別是術前乳房基礎較差者，表現更為突出。

發育良好的乳房還可表現出動態美感，當行走時，乳房會隨著步態的節律，輕微顫動，當體位發生變化時，乳房的外觀形態也會隨之而改變，而隆乳術後的乳房往往不能表現出乳房的動態美感。

7. 隆乳術可以作多少次?

就施術者來講，對任何受術者都應有一次即成功的把握，一次即成功的責任心。可是科學是不斷發展、進步的，特別是醫學科學更需要發展，事實上有關隆胸術的方方面面也是在發展與進步的，發展到一定階段又會出現新的、品質更好的乳腺假體或更好的方法。

就受術者來說，希望一次成功、不發生任何問題，這是可以理解的，就隆胸材料而言，有更好、更完美的材料與方法問世後希望更換一下，而非是有問題後再更換是正常的、可行的。不過，術次太多、太密是不好的，雖然手術不大，但亦不算是小手術，從第一次開始就慎重考慮各方面的問題是十分必要的。

8. 隆乳術術後應當注意些什麼?

手術後 1、2 天，應該起床活動，術後數日內應該將所有敷料去除，可以使用乳罩。術後大約一週拆除縫線，即可恢復工作，但上臂活動較多的工作可能需要休息 2～3 週。起初可能有淤斑和腫脹，會很快消失。術後一個月消腫。術後一週內應避免性生活。其後一個月內對乳房要極為小心。

9. 手術切口明顯嗎?

可以根據需要選擇腋窩、乳暈邊緣、乳房下皺壁切口，一般多選用腋窩切口，大約 3～4 公分長，疤痕非常隱蔽。

10. 隆乳手術很痛苦嗎?

隆胸手術可以採用全麻或硬膜外麻醉，根據需要可以選擇像剖腹產那樣的硬膜外麻醉，術中平穩安全，術後用鎮痛泵或給予強效止痛藥，一般沒有很明顯的痛苦。

11. 隆乳術後出現乳房變小或發硬是怎麼回事?

除非遇到外傷和假體本身品質問題，假體一般不會有自行縮小的現象。乳房發硬是由於包膜攣縮作用所致。

乳房發硬的預防措施是：手術醫生嚴格操作，假體置入腔不宜過小；術後 3 個月以內堅持按摩，早晚各一次，每次約 20～30 分鐘，具體手法按醫生囑咐，可以減小乳房發硬的發生。

隆　鼻

一、鼻的構造

鼻由外鼻、鼻腔和鼻旁竇三部分組成。既是呼吸道起始部分，又是嗅覺器官。

日常生活中所關注的鼻的形態是指外鼻的形態。外鼻是面部中央隆起呈三角形錐狀器官，其外形的完整對一個人的面貌與性格影響很大。

鼻錐體形的支架包括骨和軟骨兩部分，外為鼻背筋膜、肌肉、皮下組織與皮膚所覆蓋，內為黏膜層。在椎體形下端為二鼻孔。二鼻孔中間有鼻小柱。

外鼻位於面中部，上部較窄。各部位名稱如圖所示。突出兩眼之間為鼻根、向前延伸形成隆起的鼻背，其下端最突出的部分稱鼻尖，鼻尖兩側略呈弧形隆突的部分稱鼻翼，外鼻下方的一對開口為二鼻孔，二鼻孔之間為鼻小

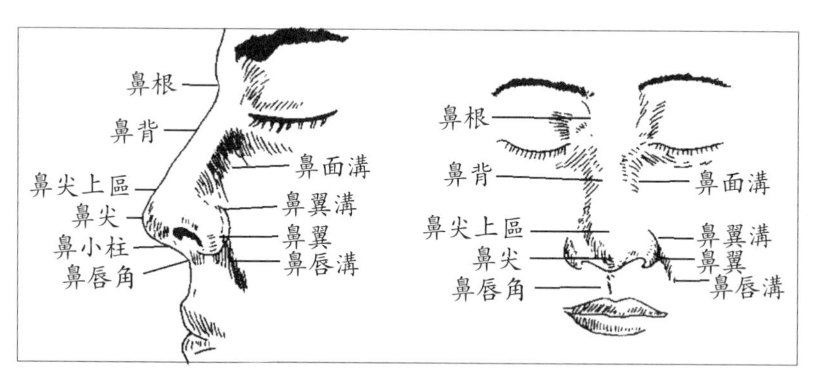

鼻的各部位名稱

柱，其上部與鼻中隔相連接，其下與上唇相連構成鼻唇角，外鼻兩側與眶唇相連處為鼻唇溝。

二、鼻的美學特徵

1. 鼻部的形態

鼻部的形態與人種有關，白種人的鼻子較尖，黃種人的鼻子較扁，黑人鼻子較大。常見國人的鼻子有如下幾型：

（1）理想型鼻：鼻梁挺立，鼻尖圓闊，鼻翼大小適度，鼻型與臉型、眼型、口型等比例協調和諧。

（2）鷹鉤鼻：鼻根高，鼻梁上端窄而突起，鼻尖部呈尖而長且向前方彎曲成鉤狀，鼻小柱後縮。

（3）蒜型鼻：鼻尖和鼻翼圓大，鼻翼與鼻的形態不協調。

（4）朝天鼻：鼻尖位於鼻翼之後，鼻孔上翹，可見度大。

（5）小尖鼻：鼻型瘦長，鼻尖單薄，鼻翼緊附鼻尖，展開度較小。

（6）塌鼻：鼻梁扁平，鼻翼及鼻尖大而開闊。

2. 鼻各部位的形態

（1）鼻梁側面形態：

大體分為三類五型：Ⅰ向上、Ⅱ水平、Ⅲ向下三類，

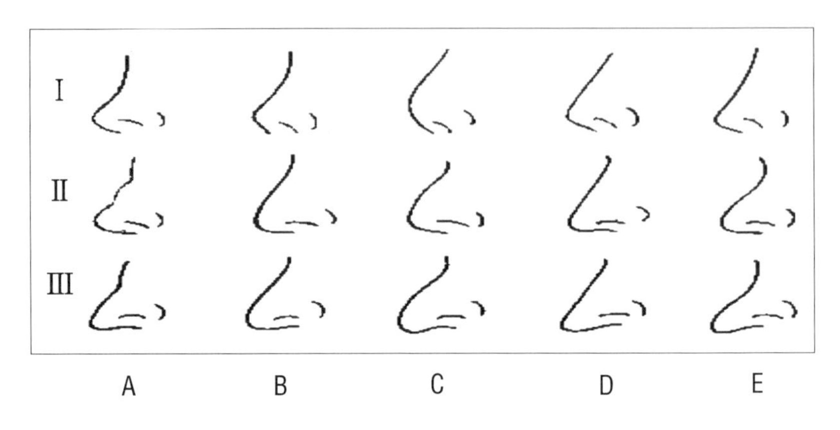

A 波狀型、B 鉤狀型、C 凸曲型、D直線型、E 凹曲型五型。我國人多數為水平凹曲型或水平直線型。

（2）鼻尖：

根據鼻尖的形狀可將其分為三種類型：A 尖小型，鼻尖尖而小；B 中間型，鼻尖大小中等，圓尖適度。C 鈍圓型，鼻尖肥大而鈍圓。

（3）鼻基底：

鼻基底可分為 A 上翹型、B 水平型、C 下垂型。

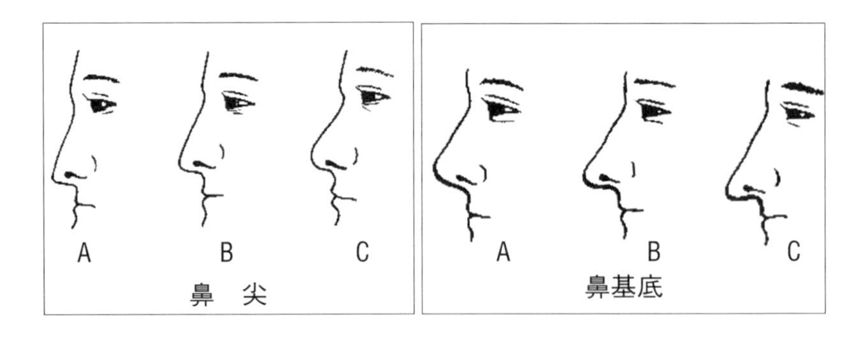

鼻　尖
鼻基底

（4）鼻孔：

鼻孔的形狀一般可分為五種：A長橢圓型、B 三角型、C 卵圓型、D 圓型、EF 扁橢圓型。鼻孔最大徑的方向可分為三種類型：橫向、斜向和縱向。

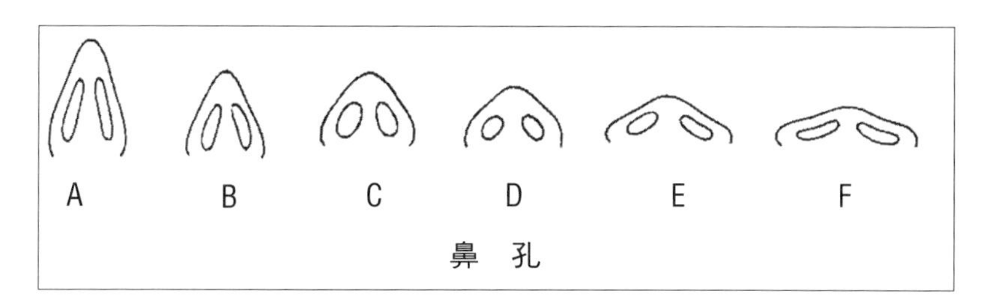

鼻 孔

（5）鼻翼：

就長度而言，可將鼻翼分為三級。

低度：其鼻翼長度為鼻長的 1/5 左右；

中度：鼻翼長度為鼻長的 1/4 左右；

高度：鼻翼長度為鼻長的 1/3 左右。

就突起高度而言，也可將鼻翼分為三級：

①不突，鼻翼與鼻梁側面幾乎在同一平面上。

②微突，界於不突與甚突兩者之間。

③甚突，鼻翼較肥大，較鼻梁側面突出很多。

3. 鼻在面部的理想比例

根據我國民族特點，一些學者研究出國人理想鼻型的有關參數，理想的外鼻長度為面部長度的 1/3；理想的外鼻寬度（兩個鼻孔外側緣的距離），為一眼的寬度。這也

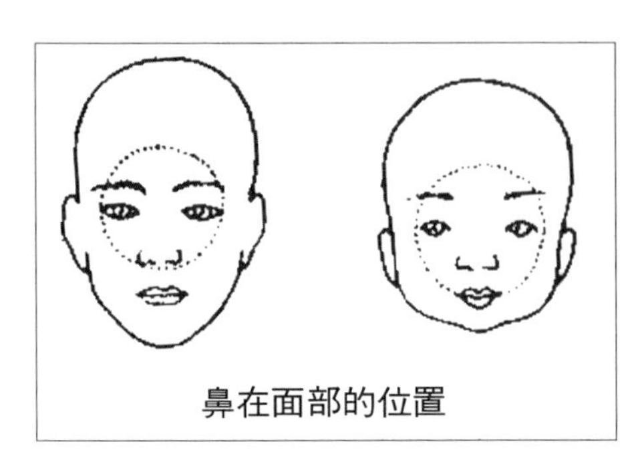
鼻在面部的位置

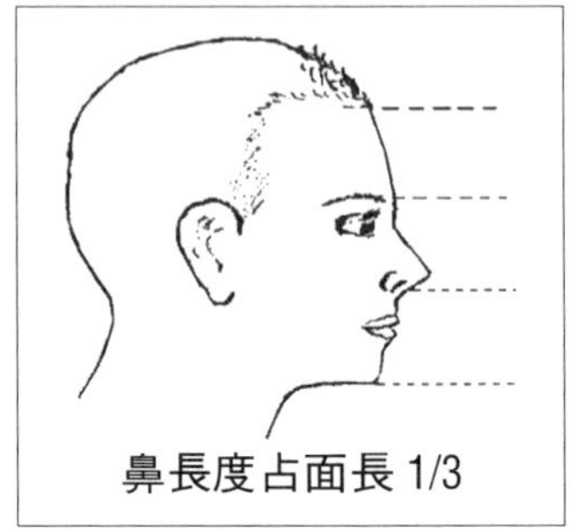
鼻長度占面長 1/3

是我國古代畫家所謂的「橫三」，「豎五」。

（1）鼻在面部的位置：

以鼻根為中心，以鼻根至外眥距離為半徑畫圓，此圓的弧度應經過鼻小柱、鼻翼緣、顯示成人鼻在面部的基本位置。對於兒童，此圓的弧則經過口角。

（2）鼻長度：占面長 1/3。

（3）鼻寬度：兩鼻孔外側緣的距離，一般約等於鼻長度的 70%，相當於兩眼內眦向下之垂線的寬度。鼻根部寬度為 10 毫米左右，鼻尖部寬度約 12 毫米。

（4）鼻的高度：

鼻根部鼻梁的高度一般不能低於 9毫米，女性約 11 毫米，男性 12 毫米左右。鞍鼻病人的平均高度為 4 毫米左右。

鼻尖的高度：一般理想的高度相當於鼻長度的1/2，男性 26 毫米，女性 23 毫米左右。低於 22 毫米為低鼻型。

（5）鼻額角：

即額鼻線與鼻梁線形成的夾角。此角多數人在兩眼內

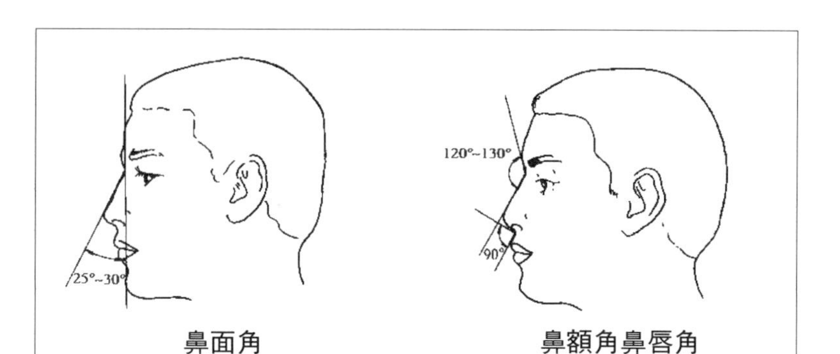

鼻面角　　鼻額角鼻唇角

背連線上，正常情況下此角大於 120°，此角關係到鼻形的曲線美，若小於此角度，則外鼻前突；若大於此角度，則外鼻低平；若此角位置較高，呈長鼻畸形；若偏低，則呈短鼻畸形。

（6）鼻面角：

即前額至切牙線與前額至鼻背線夾角。理想的角度為30°～33°。

（7）鼻唇角：

即鼻小柱前端至鼻底與鼻底至上唇紅唇間夾角。一般為 90°左右。鞍鼻畸形病人，此角明顯增大，鼻長度明顯縮短，出現鼻孔朝天的畸形特徵。

（8）鼻孔：呈卵圓形。

三、隆鼻手術的適應症

隆鼻術是在鼻部填充各種自體、異體、異種組織或組織代用品以隆高鼻背，達到改善容貌的手術。

隆鼻術是國人最常接受的美容整形外科手術之一，因其對面容往往有很顯著的改善，所以比較受歡迎，同時也是美容整形醫生較樂意開展的手術。

隆鼻術是一種純粹的美容手術，在絕大多數情況下，患者在生理上並不一定必須接受這種手術，但他們往往希望在改善鼻部外形後使其氣質、風度、自信心等心理狀態有所完善。理想的手術效果確實也能做到這一點。本手術的過程並不複雜，但手術物件的思想和心理是非常複雜的。因此，對於可接受手術的人群及不宜手術的情況歸納如下：

（1）年滿 18 歲，鼻骨和鼻部軟骨均發育成熟後，對鼻部形態不滿意者，才可接受手術。青少年身體、鼻部正在發育，外形未定型，心理還不穩定，此時不宜手術。

（2）受術者應表情神態舉止自然，情緒平穩，通情達理，不對醫生提保證或許諾字眼的要求，對醫生信任，無疑慮和猶豫不定之心理，有改善鼻外觀的迫切要求。但不能有不切合實際的過分要求；不能有由手術來改變其整個容貌、改善其家庭夫妻關係甚至改變其整個生活的要求。

（3）外鼻、鼻腔黏膜、鼻前庭有炎症、癤腫、充血、水腫或過敏時，不宜手術。

（4）月經期、有出凝血障礙者和近期內服用了可能影響凝血功能藥物者，不宜手術或謹慎手術。

（5）患有全身性疾病者，不宜手術或謹慎手術。

（6）懷疑有心理疾病者，不宜手術。

隆鼻手術本身是一個小手術。但作為美容手術，手術成功與否，主要取決於患者對效果的認可。臨床實踐中，效果欠佳或有糾紛的手術，確實和醫生與患者之間缺乏統一的認識有關。另外，隆鼻材料的錯誤選擇，手術過程中不嫻熟操作、不專業及手術後的非正確處理可能會造成隆鼻的失敗。

手術前醫患之間的通暢溝通非常重要，因為東方人的鼻部因其種族的因素，有相當一部分較低平，致使面部顯得平淡，沒有立體感。隆鼻術後，面部頓有煥然生輝的感覺，但並不是越高越好，也不是什麼鼻形都能由隆鼻術達到理想效果。前面已講述適合做隆鼻手術的人群，這裏再告訴大家適合做隆鼻手術的鼻型。

鞍鼻：鼻部凹陷呈馬鞍型，形成短鼻的假象，使面部比例失調。

低鼻：鼻端、鼻根、鼻背均低。

直鼻：高度尚可，但缺乏錐體感，最高點不鮮明。

寬粗鼻：整個外鼻形態寬粗，無挺拔感。

輕度駝峰鼻：鼻背骨從側面看較鼻尖點高。

波浪鼻：鼻背中線從側面看有兩處起伏呈波浪形。

適宜手術的還有鼻尖低垂、鼻根低垂、鼻孔橫臥、外傷畸形、隆鼻術後繼發鼻畸形、唇裂術後繼發畸形。隆鼻手術也要求醫生有很強的審美意識，決不能僅僅只掌握一種雕刻修體的技巧，而千人一面地「造」一種鼻型。一般來說，性別不同、臉形不同，對隆鼻的要求也不同。

（1）男性應有一個挺直的鼻子，這比有一雙漂亮的眼睛更能增加帥氣。而女性的鼻子應該秀氣而鼻根部較有弧度。

（2）前額、顴骨、下頜較高者，配上挺直的鼻子就比較俊美。

（3）長形及方形的臉配細長的鼻子較為合適。

（4）前額較低者鼻根不宜過高。

（5）圓臉或五官比較靠近的娃娃臉，隆鼻不宜過高。

（6）眼睛太小或太大的人，隆鼻也不宜太高。前者會顯得眼睛更小；後者則易因鼻部隆起而顯得兩眼距離拉近，給人一種兇狠的面相。

四、隆鼻材料

隆鼻，顧名思義是把鼻部墊高，這就勢必存在一個「墊東西」的過程。此手術開展了幾十年，所「墊」進去的「東西」也隨著年代的變遷而發生著改變。1955 年日本的 Nishihata 首先報導了隆鼻手術。那時應用的材料是液體矽橡膠，用針管將其注射到鼻背，液體矽橡膠凝固後可達到隆高鼻梁的效果。這種手術操作簡單，容易塑形。但隨後人們即發現，部分患者產生較嚴重的反應，鼻部皮膚紅腫、破潰。由於材料是液體，它會滲入組織間隙，要將其取出就很困難，完全取出更是奢望。因此，液體矽橡膠很快便被棄用了，而用固體的材料代替。

此後，有人曾將象牙，樹脂材料和塑膠等用以隆鼻。但由於它們容易被人體排斥，且質地堅硬不易塑形，現已很少有人應用了。

異體或異種材料，如經過特殊處理的異體（如牛）骨和骨組織，也曾被用來作為隆鼻的材料，但其處理複雜，且遠期會因其部分被人體吸收而發生變形，故很少應用。

自體骨和軟骨組織也用於隆鼻，它主要來取肋軟骨和髂骨，病人較痛苦，遺留有取骨處疤痕，且對人體造成一定傷害，本身存在雕刻塑形困難且存在著遠期吸收和變形的問題。所以，僅僅是為了改善容貌，而採用自體的組織，是可謂小題大做，得不償失，患者也往往是不願意的。除非是患者排斥固體矽橡膠或者是迫切需要鼻尖抬高幅度較大者。

人工骨（羥基磷灰石微粒）隆鼻材料本身具有高度的生物相容性、無毒性、無刺激、無排斥反應、無老化現象、不致敏、不致癌，可在植入過程中用手擠壓成所需形狀，可塑性強。但也有其局限性，不能作為鼻尖隆起材料，且一旦對外形不滿意很難修改。

目前，我國應用的隆鼻材料中，絕大多數是固體矽橡膠。它是一種惰性高分子化合物，理化性質穩定，生物相溶性好，植入人體後對組織無刺激，沒有毒性，不致畸形，不致癌。手術操作相對簡單，塑形方便，並可以完整取出，或修改。缺點是 0.01%-0.02%的人有排斥反應。正因為如此，固體矽橡膠已被廣泛接受，並得到了普遍的應用。

此外，隨著科技的發展，近年來又出現了很多的人工材料，但它們作為填充物，是否能夠安全、長久地滯留在體內，尚需長時間來觀察和論證。

五、隆鼻術前準備

在大致瞭解了鼻外形的美學特徵（為什麼要隆鼻？），填充材料的理化特徵（選什麼樣的假體？），適應隆鼻的合適人群（能否隆鼻？）等基礎知識以後，即可為隆鼻做準備了。在手術前，手術醫生和患者應相互溝通，充分瞭解患者的具體要求和心理狀態。雙方對手術過程效果及術後注意事項要充分交流，達成一致的看法和意見。筆者不反對患者拿著明星的照片作為範本，但其要求的隆鼻形態必須要和其本人臉形、鼻形、面部器官、氣質、職業等相符，不應一味的追求明星的效果。在知曉了隆鼻術注意事項後，簽定手術同意書。

拍攝面部正、側、斜位和仰頭位的照片，必要時可拍攝鼻部的特寫照片。

術前檢查血常規、出凝血時間、血糖、血壓、心電圖等。

觀察鼻背部的曲線，結合所設計的鼻形，反覆考慮，精心雕刻鼻假體，然後消毒假體。這一步驟亦有醫生在手術過程中進行。

患者手術當天不能塗抹化妝品，手術前要清洗面部。

過於緊張者可服用或注射鎮靜藥物。

六、隆鼻手術過程

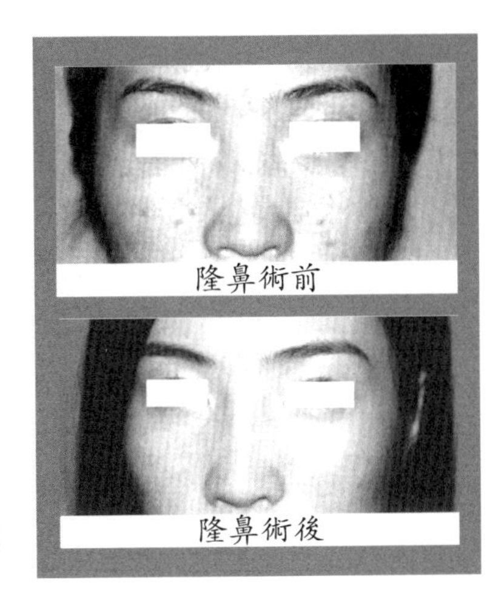
隆鼻術前
隆鼻術後

做好了充分的心理準備和身體準備後，手術便可以開始了。

（1）手術應在有嚴格消毒條件的手術室進行。室內有充足的照明和舒緩的音樂解除緊張情緒。

（2）患者仰面平躺在手術臺上。全面部消毒，鋪無菌巾。

（3）為防止鼻假體植入後出現偏斜，在手術前可以畫出鼻部標準中線。熟練的手術者可以省略不畫。

（4）在鼻部注入麻藥。

（5）在鼻孔內鼻小柱邊緣作切口。用專用器械在鼻小柱、鼻尖、鼻背、鼻根部分離出適當腔隙，不能過大亦不能過小。

（6）將預先雕刻好的假體置入腔隙，調整形態滿意後，縫合切口，傷口塗抗生素油膏保護。

七、隆鼻術後處理

手術做完了。此時患者的鼻部局部麻藥作用尚未消失，還未感覺疼痛。外觀表現為鼻部較先前明顯隆起。因麻藥和局部手術創傷的原因，表現在鼻根、鼻尖較肥大、高挺，外形較生硬。術後兩小時左右，患者開始出現脹痛（多數人能忍受）且局部較前腫脹，此時可使用局部冷敷或欣賞音樂等轉移注意力的方式，緩解局部症狀。在手術後的 24 小時內是創面滲血期，這個時期內患者應當儘量保持靜止狀態，坐位休息，勿食辛辣食物，減少鼻部創面滲血而形成血腫，減少感染機會更利於術後外形恢復。術後 48 小時內鼻部腫脹較明顯，為生理性腫脹，可適當活動，增加血液循環，以利消腫。4 天以後腫脹開始消退。術後六日拆除切口縫線。期間給予抗菌素、止血藥物和消腫藥物，維持切口乾燥清潔，消毒切口。

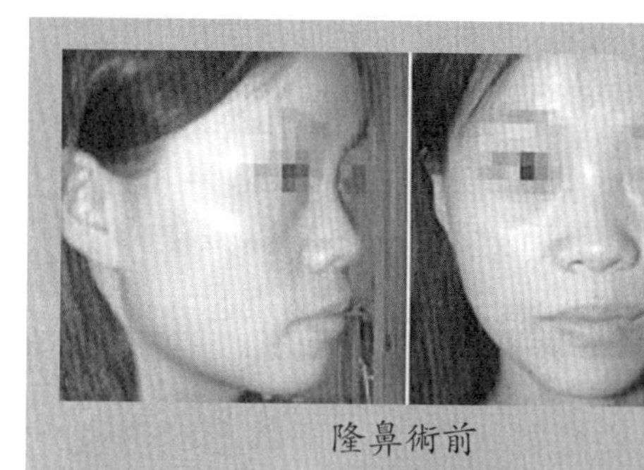
隆鼻術前

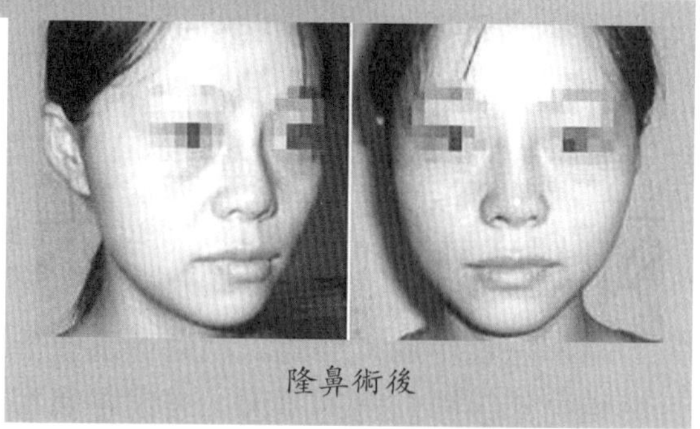
隆鼻術後

需要特別提醒的是：在手術後至生理腫脹消除期（術後 3～6 月）內，因為創面各部位消腫程度不一致，而表現出外形生硬甚至歪斜，此時切忌推碰鼻內的假體，勿戴框架眼鏡，避免受到猛烈的衝撞。

隆鼻手術簡單易行，恢復迅速，但受術者不滿意的情況並非少見。對於隆鼻術後可能出現的情況及處理方法歸納如下：

（1）血腫：

比較多見，多表現在鼻根部寬厚，臃腫，觸之有波動感，矽膠假體有浮動感。鼻背部青紫。鼻頭部表現為肥大，鼻翼溝變淺或消失。出現這種情況的原因可能為：醫生在操作過程中過分粗暴損傷了內部的動脈血管；因其局部受過創傷或先天性血管生長變形，位置發生改變，醫生在手術過程中將之碰破；醫生對術後出血估計不足未行加壓包紮或加壓包紮不當；患者在手術後鼻部受到碰撞。一旦發生了血腫，應及時穿刺抽吸，甚至手術取出假體，排盡積血血塊，術後仍須加壓包紮。

（2）感染：

不多見，但一旦發生即將前功盡棄。主要表現為局部明顯腫脹，波及至額部，皮膚發紅，皮溫升高，身體發燒，鼻部有跳動感。可以從以下方面進行預防：嚴格在消毒手術室內進行手術，所有手術器械、物品、鼻假體嚴格消毒，面部及鼻腔內嚴格消毒；鼻部皮膚有毛囊炎或感冒等未癒合時嚴禁手術；手術中剝離操作仔細，防止穿透鼻黏膜；應手術後常規使用抗菌素。輕度感染時，可全身應用抗菌素，予以控制，一旦感染較重，應及時手術，取出假體，並予以充分引流，待局部痊癒 3 月後，可考慮再次手術。

（3）穿孔：

好發於鼻孔內近鼻小柱下緣及鼻尖部。其表現為好發部位的鼻黏膜發紅、鼓脹、觸之軟，並有波動感，穿刺抽吸可得黃色血清樣滲出液。繼之穿孔，並常有少量分泌物，穿孔處矽橡膠假體外露或穿出。在鼻尖部，早期局部皮膚發亮，有緊張感，後逐漸發紅並變薄穿孔。

為了避免穿孔的發生，醫生在製作矽橡膠鼻梁假體時，除考慮鼻造型外還應考慮局部皮膚張力的問題。如手術過程中發現植入矽橡膠後鼻尖頂得過硬、發白，應及時重新加工修整，決不能惋惜先前的造型。

此外，患者不能盲目對鼻造型提出不切實際的要求，必要時，可能需採用自身的耳軟骨以期增高鼻尖。如發現有穿孔表現時，應查明原因，重新修整矽橡膠假體。降低皮膚張力；或因症狀嚴重，必須取出矽橡膠假體，應用大劑量抗菌素，待半年或一年後再施隆鼻術。

（4）排斥反應：

極少數人會出現排斥反應，據統計大約在千分之五以內。排斥反應術前不能預測。目前尚無實驗辦法，因此，要靠術後的嚴密觀察。

排斥反應出現的時間因人而異，早遲不等，臨床觀察到最早出現排斥反應在術後 20 小時，最遲的有 3 年。發生早的為急性反應，遲的則表現為慢性反應。

急性反應表現為鼻部腫起迅速，並波及至上下瞼、眼眶周圍、額部、面頰部。有的皮膚腫脹發亮，發紅，皮溫稍升高，患者感覺局部發脹，但疼痛不劇，多伴有輕度頭疼、頭暈。如發現有急性排斥反應，應立即手術，取出矽橡膠鼻梁假體。

慢性反應表現為鼻部某處皮膚發紅，以身體不適並有發熱時或摩擦隆鼻部後，表現更為明顯，一般不經處理，觀察一週左右可自行退去。如 1～2 週症狀不減反而有加重者，則可確認為排斥反應。此時，應立即手術，取出矽橡膠假體，否則發生皮膚穿孔，則將留下難以消除的疤痕。

（5）鼻歪斜：

鼻歪斜是隆鼻術後最常見的併發症。多因患者本身鼻梁不正所致，也可能因為手術醫生雕刻鼻假體時兩側厚薄不均或沒有參照鼻形基礎條件吻合，或者是醫生在手術過程中對腔隙的分離處理不當，也或者手術後過早戴眼鏡。為了預防鼻歪斜，要注意觀察患者鼻的基礎條件，發現每一缺點，雕刻鼻假體時，手工精細，儘量做到與患者鼻部的基礎條件相吻合。術中分離腔隙時，範圍應取假體稍大，使假體在其內有迴旋餘地，再則術後臥床時頭不要老是偏向一側，手術後 2 週可戴眼鏡。

一旦發生鼻歪斜，術後 3 天以內可以手法復位，在偏向側以紗布卷壓迫 2～3 天，一般的歪斜可望糾正。手術4天後，因局部組織已牢固癒合，手法復位已不可能，此時應再次手術找出鼻歪斜的原因，對症處理，也可3個月後再次手術糾正。

（6）鼻孔變形、大小不等：

多為在做鼻孔手術中對鼻尖，鼻翼組織進行矯正時，去除的組織量不合適。這就要求手術醫生經驗豐富，在沒有足夠經驗有把握時不可盲目操刀手術。一旦發生此類問題，只有再次手術修復。

（7）鼻外形不美：

衡量鼻外形是否美，並無規範化的尺度，主要看它與五官、臉型的搭配是否和諧，和諧即產生美。手術醫生應充實自己在美學、心理學、專業技術方面的知識。受術者也應對自己的容貌長相有基本的瞭解，在做什麼樣的鼻形適合自己的問題上與醫生充分溝通，達成一致，最後達到求美的目的。

（8）額鼻部缺乏弧度：

俗稱「通天鼻」。這種鼻型顯得「生硬」，造成這種結果主要因為是手術醫生在雕刻鼻假體時在其上部的長度及厚度處理不合理。這必須要求醫生提高自身技藝，避免患者再次接受手術。

（9）鼻尖過於尖向下方或高於原鼻尖形成雙尖鼻：

若發生這類情況，必須再次手術調整鼻尖位置。

（10）鼻外形假體輪廓陰影或鼻梁透亮：

手術醫生要提高自己的雕刻假體的技能並注意手術中層次的分離。患者不應僅僅考慮費用問題而選擇低廉的假體。

吸脂

去除多餘的脂肪，塑造一個理想的完美形體，是現代人類社會的一個普通追求，非手術療法是人們最先想到的手段，運動、調節飲食、改善生活習慣、藥物減肥和物理療法等都或多或少的有一定的作用。

但在現有的科學條件下，非手術療法都難以真正確切和永久地去除多餘的脂肪組織，達到減肥和維持長久理想形體的效果，有的方法還會出現不良反應，如由於抑制食慾，可導致機體功能紊亂等嚴重併發症，甚至死亡。因此，用外科手術方法去除脂肪組織減輕肥胖就成為美容外科一個新的篇章。

一、肥胖的因素和分類

肥胖的本質是脂肪組織增多或相對增多。一般情況下脂肪組織增多主要反應在脂肪細胞的數量上和脂肪細胞的大小上，這種數和量的變化，除表現在形體上的改變外，還累及到重要臟器如心肺，還會導致血脂等的變化引起的其他器官和臟器的改變。

1. 肥胖的原因

從外科的角度看，肥胖可以有以下幾類原因。

（1）遺傳因素：

遺傳因素引起的肥胖常常伴有家族性，這類肥胖存在於青春期、中年和老年等任何年齡段，尤在中年以前臨床上多見，有些病人在兒童和少年期就已開始為全身性肥胖或局部脂肪堆積，後者表現在身體的某一部位特別的突出，如腰腹部肥胖或下肢的馬褲腿樣肥胖。

（2）生活習慣不良：

主要是指飲食習慣不良和缺乏運動，不良的生活習慣與肥胖有明顯的關係。

（3）衰老：

理論上認為：20 歲以前脂肪組織的增多主要是脂肪細胞數量的增多，而在 25 歲以後脂肪組織的增多主要是脂肪細胞大小的變化。一般地，20 歲前，脂肪組織的增加是總量上的增加，成人後，因肌肉等組織的減少，而使得脂肪組織相對增加。此時脂肪組織增加的結果是各類組織的鬆馳，彈性減少，臃腫和美的曲線的消失。

（4）病態：

病態性肥胖也叫繼發性肥胖，常因疾病而引起，如腦病和腫瘤等均可發生肥胖。

2. 脂肪組織的分佈

脂肪組織是機體結締組織的一部分。正常情況下，脂肪組織的蓄積是生理性的能量儲備，並不同程度地分佈於特定部位。因此，當肥胖發生時，所有這些部位都有可能發生脂肪組織增多和堆積，從而造成相應的症狀，其中皮下脂肪組織增多肥胖是顯而易見的，但其僅僅是全身性肥胖的一部分。按目前的科技水準，去脂減肥手術主要是直接解決皮下

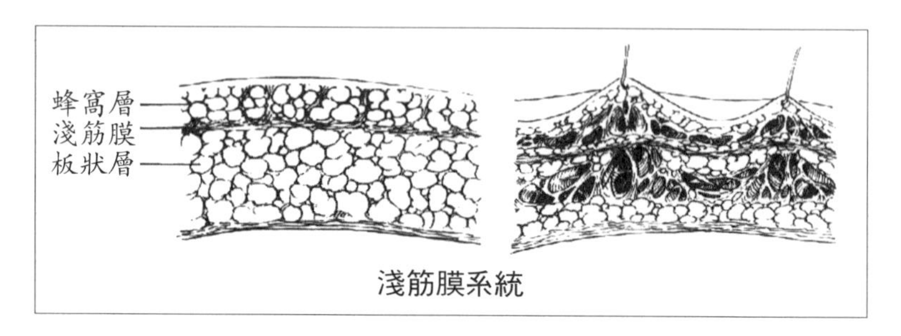

淺筋膜系統

脂肪組織增多的問題，對非皮下脂肪組織增多一般情況下手術不能直接解決問題。皮下脂肪層又稱為淺筋膜系統。由於脂肪組織結構和纖維隔的不同，可將該層分為兩層。

暈層：位於真皮下，廣泛分佈於全身各部位，它是由小的脂肪球組成，緊密地嵌在表淺的筋膜纖維隔內，纖維隔內相對緻密。

板層：位於暈層的深面，它是由大的脂肪球疏鬆地嵌在相對疏鬆的筋膜纖維隔內，板狀層僅出現在某些區域，如腹部、髂腰部、大轉子區、大腿上部 1/3 的內側面，上臀部。

肥胖的人脂肪增多主要表現在板層，特別是女性，肥胖時，板狀層比暈層增厚明顯，一般增厚可達正常的8—10倍，而暈層如果增厚僅是正常 2 倍左右。在男性腰部板層相對少，增厚的程度明顯小於女性。

3. 肥胖分類

(1) 全身性肥胖：

全身性肥胖除臟器和其他組織間隙的脂肪組織增多外，皮下脂肪組織明顯增多。這種肥胖，在青春期前，常常是全身均勻性分佈，而在成年以後，以向心性或腰腹性突出肥胖為主。這種肥胖男女有明顯差別，多為有遺傳傾向和習慣因素造成的。

（2）局部性肥胖：

局部性肥胖是機體的某一個或數個部位脂肪堆積，造成局部脂肪堆積畸形，如部分女性在一定年齡後，特別是有過生產史的女性，腰腹部脂肪堆積，這種肥胖常伴有局部皮膚鬆馳、軟組織下垂，因此，這種肥胖也常是一種衰老的象徵。

（3）局部相對性脂肪增多凸起：

是指從整形和美容的角度出發，某一局部皮下脂肪組織增多突出，改變了人體曲線。此種情況也見於局部骨骼肌等的增加，加重了外觀上的局部凸起畸形，如上臂內下側脂肪堆集，女性產後下腹部相對凸起，臀上脂肪堆積凸起等，局部相對性脂肪堆積凸起是去脂手術最好的適應症。

二、吸脂術的適應對象

一般說來，局部脂肪堆積或以局部脂肪堆積為主的輕、中度肥胖為最佳適應症。周身彌漫性單純性肥胖有彎腰、下蹲、步行等障礙者，也可經此手術得到改善，並部分改變其外形。伴有腹壁皮膚鬆垂者，同時行皮膚脂肪切除術效果更佳。行脂肪抽吸術的受術者，應皮膚彈性良好，術後皮膚方可自行回縮。為此，對於受術者年齡應加以選擇。一般說來，脂肪抽吸術特別適合於皮膚彈性好的年輕人，最大年齡的限制為，西方人35～40歲，東方為40～50歲。此外，對受術者的心理因素也應有所選擇，對於抽吸術的療效持有不切實際的幻想者應慎重施此手術。具體的適應對象如下。

（1）僅有一處或幾處局限性脂肪沉積，而且皮膚平滑、富有彈性的患者為脂肪抽吸術的最佳適應症。

（2）中等肥胖，皮膚彈性好較好（中度以下皮膚鬆弛）的患者，如其要求合理，手術後的滿意率高，是較好的適應症。

（3）過度肥胖的患者，如皮膚品質較好者，可透過脂肪抽吸改善體形；如皮膚過度鬆弛下垂，即使沒有過度肥胖，單純的脂肪抽吸也不能達到較好的治療效果，可採用「序列」脂肪抽吸術，大部分患者皮膚回縮較好，效果較為滿意。亦可結合皮膚軟組織整形術，但由於瘢痕長而明顯，患者一般不會接受。

（4）也可行吸脂術。重度肥胖患者、老年患者、其他疾患（脂肪瘤、腋臭等）。

三、吸脂部位與切口

吸脂部位如圖所示。

切口選擇在治療區附近的隱蔽部位，如腹股溝襞、恥骨上襞、臍溝、膕窩部、腋下襞等部位。

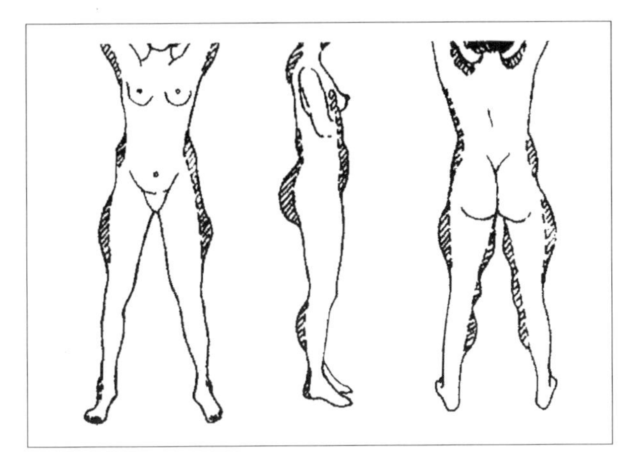

人體可行脂肪抽吸術的部位（斜線區為可抽吸區）

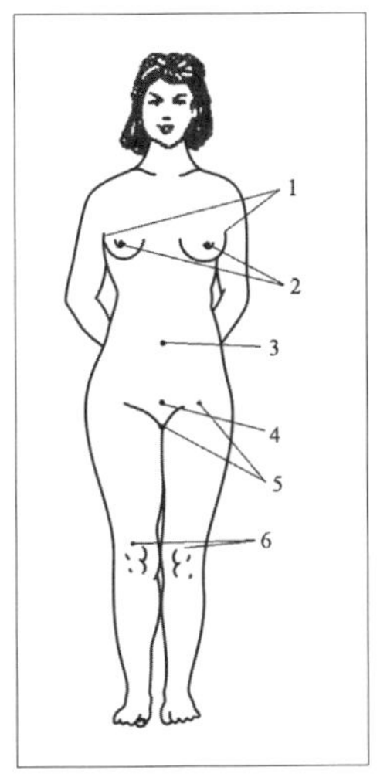

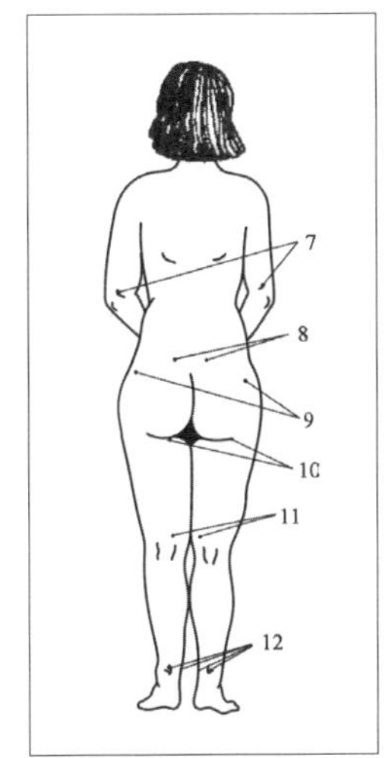

1. 腋窩部　2. 乳暈部　3. 臍部　4. 恥部
5. 腹股溝部　6. 膝部　7. 後肘部　8. 腰骶部
9. 臀部　10. 臀溝部　11. 膕窩部　12. 踝部

抽吸脂時選用切口部位

四、術前檢查

1. 全身檢查

醫生詳細詢問患者的既往史、服用藥物史、藥物過敏史、減肥史、既往脂肪抽吸史及手術史。判斷心、肺、肝、腎等主要臟器的功能狀況。醫生還要詳細瞭解患者是否曾服用避孕藥物、阿司匹林、普萘洛爾、普魯卡因、西米替丁、笨妥英鈉等藥物。患者的吸菸史、酗酒史及其他嗜好也要告訴醫生。

2. 局部檢查

局部檢查的目的是判斷沉積脂肪的數量、厚度以及皮膚的品質。

(1) 數量試驗：

主要檢查局部突出是否由脂肪沉積所致，並檢查脂肪的厚度。有掐持試驗、動態掐持試驗、調整試驗、影像學檢查等。

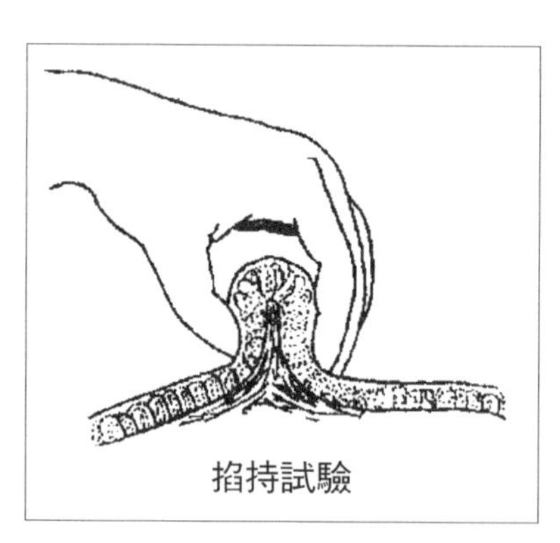

掐持試驗

(2) 品質試驗：

檢查局部突出是否存在及其皮膚的品質。

（3）預後試驗：

主要有回縮試驗、收縮試驗、擠壓試驗、體重減輕試驗等。

五、吸脂的手術方法

1. 負壓吸脂術

20 世紀 70 年代中期，義大利的 Arpeel 和 Geope Fislher 開始利用吸收器，由小管依靠負壓進行皮下脂肪吸引，創造了負壓吸脂減肥法，並歷經濕性抽吸術與乾性抽吸術。1987 年 Klein 發明了腫脹麻醉技術，該技術利用將大量稀釋的利多卡因溶液浸潤於皮下，使組織腫脹，堅實，從而引起血管結構壓縮，加上腎上腺素的作用使失血明顯減少。它的問世，使得負壓吸脂減肥法得以在臨床廣泛應用。該方法安全，失血少，組織損傷輕，麻醉作用時間長，止痛效果好，並逐漸成為廣泛開展的門診手術。

腫脹麻醉常用主要配方：生理鹽水 1000 毫升+利多卡因400～1000 毫克+腎上腺素 0.3～1 毫克 5%碳酸氫鈉 5～20毫升

2. 注射器吸脂術

1974 年義大利整形外科醫師 Geoge Fisoher 創始，利用注射器回抽所產生的真空負壓，結合腫脹技術，抽吸皮下

脂肪組織。相對電動法脂肪抽吸術器械更簡單，操作更方便。因此臨床應用更廣泛。注射器法脂肪抽吸術，雖然有創傷少，出血少，併發症少等優點，但因吸脂速度慢，吸脂不徹底而影響其效果。適用於頜頸、上臂等暴露部位小範圍吸脂。

3. 超聲吸脂術

超聲吸脂減肥術於 1992 年由義大利 Zoechi 首先應用，基原理透過超聲發生器將電能轉變成高頻能，產生超過 16KHz 的超聲波，超聲波作用於脂肪組織，最終出現物理學上的「空穴」效應，導致脂肪細胞膜破裂，細胞間連接鬆散、分離。手術時細胞碎片連同脂肪基質，組織間液及浸潤液體共同形成一種乳化劑，由細小的引流口排出體外，由負壓吸引，達到去脂目的。

其優點：選擇性高，只針對脂肪組織，不損傷血管神經，出血量少，吸脂過程只減少脂肪細胞中的液體部分，而高密度的固體部分仍留在原來位置，使術後皮膚顯得平坦光滑。對皮膚鬆馳的患者去脂可用超聲探頭有意刺激皮膚內表面，使皮膚出現收縮效應達到更好的美容效果。

4. 電子吸脂術

由義大利經多年研究於 1994 年發明並推出，它是超聲去脂的新設備，這項技術的原理是在兩個電子極之間產生一個高頻電場，依靠這個高頻電場使局部過多的脂肪組織團塊破碎，液化，並將其吸出。它可根據需要設置多種強度，不同韌度的脂肪纖維組織選用不同程式進行處理，適用於全身各部分去脂。在抽吸的同時，可在附近以不同速度連續灌注局麻腫脹液，既利於破碎脂肪纖維組織的及時清除，又可補充、鞏固麻醉效果。

5. 和諧共振吸脂術

這種技術產生於 90 年代。在實施腫脹麻醉後，由電腦模糊程式控制下的吸脂管發生與脂肪細胞固有頻率相同的機械性共振波有選擇性地破碎、乳化脂肪細胞，神經及血管不受損傷。

該法吸脂速度快，出血少、吸脂量大、術後皮膚表面光滑平坦。該法的優點還在於因灌注量增大，暈層脂肪組織間隙更大，吸管通過更容易，更自如，故暈層脂肪吸出更徹底，更均勻。

六、術後處理

1. 術後即時處理

脂肪抽吸結束後，局部覆蓋紗布和棉墊後加壓包紮，紗布及棉墊要平整，壓力適中，起壓迫止血、減輕水腫、固定皮膚的作用。外套緊身彈力服裝，術後 48小時後去除敷料，更換彈力適中的彈力服，持續穿戴 3月或更長時間，但每天應鬆解至少 1 小時。

2. 術後觀察

一般採用局部腫脹麻醉，術後經短時間觀察無異常者，都可回家休息，但應保持聯繫，老年患者或術中狀況不穩定的患者，應留院觀察 12～24 小時，身體狀況復原後才能回家。

3. 術後復診

(1) 初次復診

術後 3～5 天復診，去除敷料，傷口覆蓋小塊紗布或創可貼；電子脂肪抽吸術或超聲波脂肪抽吸術應在術後 1 天更換敷料，重新加壓包紮；傷口縫合者術後 5 天拆線。此時水腫已大為減輕，術者應觀察抽吸部位，若仍存在明顯水腫應查找原因。此時皮下淤血、硬結、皮膚麻木仍較明顯，此為暫時性現象，一般在 1～3 個月消失。

(2) 二次復診

術後 1 個月二次復診，皮下淤血應基本消退，硬結、皮膚麻木也較前減輕。

(3) 三次復診

術後 3 個月三次復診，此時皮膚已基本回縮，可視為脂肪抽吸術的最終效果，拍攝術後照片，並注意觀察抽吸局部有無凹凸不平等畸形。

4. 其他注意事項

脂肪抽吸術後會出現如淤血、水腫、皮膚麻木、皮下硬結等外科伴隨症狀，一般在 1～2 週消退。

（1）皮下淤血

術後抽吸區域有皮下淤血，一般在 3～4 天最重，7～14 天消退，長者可持續 20 餘天。

（2）皮下硬結

術後可觸及一些硬結或整個抽吸部位變硬，由皮下組織受損傷，形成瘢痕結節或血腫機化、脂肪液化所致；一般在 3 個月至半年內吸收變軟。部分患者皮下硬結持續時間較長。

（3）水腫

脂肪抽吸術後過多液體儲留於細胞外間隙即可導致水腫，其原因為毛細血管濾過量增加及淋巴回流障礙。以小

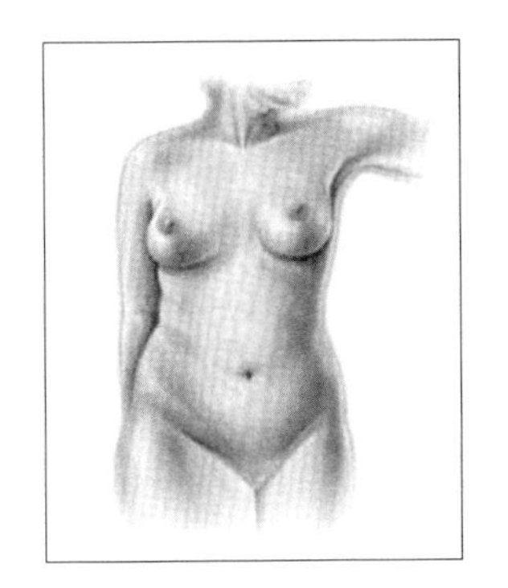

吸脂前

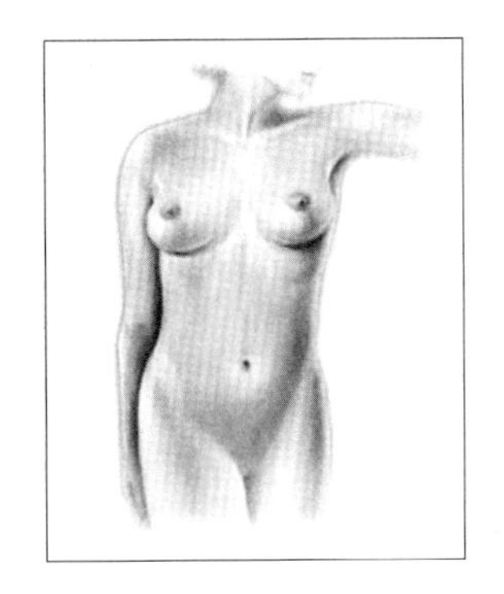

吸脂後

腿最為嚴重，持續時間長，半年內逐漸消退；其他部位水腫輕，消退較快。

(4)皮膚麻木或疼痛

抽吸術後可有皮膚麻木、疼痛，有暫時性創傷性感覺神經炎所致，一般為暫時性現象，3 個月至半年內可逐漸恢復。

七、併發症及處理

1. 外形不規則

術後：抽吸局部造成凸凹不平的現象。

原因：由於抽吸量掌握得不好且又缺乏經驗所致。

防治：應保持抽吸層次一致，操作過程中要隨時觀察整個手術區，以及術區與非手術區間的過度區域的情況。隨時注意左右兩邊的抽吸量，使之一致和對稱。手術結束前根據情況可重複抽吸，以使舒平，不少病人初期有些凸凹不平，但 3～6 個月可自行恢復。

2. 血清腫，血腫形成

原因：創面廣，腔隙大，使血清，血液易積聚，可形成局部血清腫及血腫，另外加壓包紮不恰當或負壓引流不得力。

防治：發生血腫，血清腫時，血清可將其穿刺，抽出積液、積血，改進引流和加壓包紮使之消除。負壓引流可放置 72～96 小時，以使液化脂肪及滲液充分流出。

3. 皮膚皺褶

原因：脂肪抽吸的太多，適應症選擇不當，包紮不適當或皮膚彈性差的人易出現皮膚皺褶。

防治：抽吸時應保留一定厚度的脂肪，對皮膚鬆垂者，可做多餘皮膚切除術，以避免出現這一併發症。

4. 瘀斑

大多數受術者在脂肪抽吸術後易出現散在地大小不等的皮下瘀斑。

原因：手術中刮傷滲血而引起。

防治：為預防瘀斑的出現，應操作輕柔，手術後加壓包紮。瘀斑出現後，經 3～4 週可行消退。

5. 感覺減退

術後有一些感覺減退、痛覺、觸覺、溫度覺暫時性地不敏感。

原因：術中對末梢神經的輕度損傷。

防治：無特殊情況時，與術後 3～6 個月可自行恢復。

6. 持續腫脹

原因：由於手術中的刺激而導致組織液滲出所致。

防治：應預先告知病人，腫脹可能掩蓋早期手術效果。不必經特殊處理，腫脹可自行消退。

7. 切口感染

原因：創傷致局部血運差，局部污染所致。

防治：加強無菌操作，術後常規應用抗生素 5 天。

8. 皮膚壞死

原因：切口處由於吸管來回摩擦或者進出時不慎，可能導致切口局部皮膚損傷壞死。抽吸過淺也可引起損傷。

防治：必要時可以切除少量切口邊緣皮膚再行縫合。

9. 晚期併發症

（1）頑固性外形不規則

老年者大量抽吸或抽吸層次和範圍不均，常可引起術後外形不規則。小區域的空腔可用脂肪顆粒移植改善，較大面積的凹凸不平，對高出部分可採用二次抽吸。

（2）兩側不對稱

兩側脂肪抽吸量不均所致。預防的主要方法是準確地劃定抽吸區域，給予相同的抽吸量。

隆頰

頦部就是一般人們所說的「下巴」。勻稱、起伏有致的頦部能為容貌增光添色。漂亮的頦部必須具有與整個面容適宜的大小和形態。古人以「三庭五眼」之美，其中「三庭」就是將人面部從額部髮際緣至下巴邊緣距離分為三等分。「上庭」指額部髮際緣到眉間中點，「中庭」指眉間中點至鼻翼底部，「下庭」指鼻翼底部道下巴邊緣。

如果「下庭」過短或過長都將對整個容貌的和諧、勻稱產生影響。頦部以稍前突，頦頸角明顯為美形頦。頦部過於前突或後縮，頦下有脂肪袋等均影響外觀，嚴重者還有功能障礙。

頦部位於面部下方，它與外鼻和前額構成顏面前部的主要輪廓。

下頜的後縮畸形又稱小頜畸形，通常是由於下頜支和下頜體發育不全造成的，也可只有下頜支或下頜體發育不全引起。有些是先天性，有些是因外傷或感染破壞了下頜髁突出生長中心，從而導到下頜發育不良。

此類患者有不同程度的下頜後縮、小頦甚至無頦。在鼻尖和頦之間畫一條直線，如果唇不超過這條線則產生美感。有的人鼻尖和唇較向前突，而下頦相對過短，也可視為相對的下頜後縮。愛美的您不妨自己測試一下是否擁有完美的下頜。

下頜後縮畸形可用兩種方法治療：頦部充填術和下頜骨斷骨術。

一、頦部充填術

適應小頦或頦部後縮，咬合關係基本正常者。

1. 手術禁忌症

（1）心、肝、腦、腎等重要臟器疾病者。

（2）有嚴重的出血性疾病者。

（3）精神疾病患者。

（4）有口腔潰瘍等感染性疾病者，或下頜部皮膚有感染者。

（5）女性懷孕、月經期間應避免手術。

（6）有心理障礙，對自身頦部條件缺乏認定，一味追求不切實際的隆頦效果者。

（7）家屬堅決反對者不宜手術。

2. 手術材料的選擇

隆頦術的手術所用充填材料可為生物醫學材料、化學合成材料，也可為自身骨質，一般選用生物醫學材料為多。

生物材料應具備優異的人體相容性，具有一定強度，有穩定的化學性能，長期植入而不發生構造改變，便於加工、塑性、易於消毒。

化學合成充填材料為矽橡膠、聚四氟乙烯、高密度乙

烯等。一般以使用固體矽橡膠為多。

固體矽橡膠具有良好的生物學性能，植入人體組織後，在其周圍形成纖維包膜。術中可雕刻塑形，顏色可調配，有彈性，易清洗。可反覆滅菌而不發生理化性能改變。

目前市售的有預製的各種形狀和型號的假體，可根據受術者所需充填物大小、形狀來選擇假體。假體選擇後還需根據受術者頦部形態進行雕刻、塑形，使假體與下頜骨面儘量貼合，這樣可以增加假體與植床及周圍組織的相對穩定性，減少活動度，促進癒合。假體兩側與下頜骨的過度要自然。假體植入後張力不可過大，否則可造成下頦骨的吸收。

手術時，儘量減少假體表面的污染，矽橡膠表面常有靜電，容易吸附灰塵、纖毛而難於清除，任何污染物都將增加機體對假體的異物反應，所以術中一定要注意清洗，儘量少用手接觸。

矽橡膠假體植入頦部後，極少數人可能產生過敏反應，多表現為頦部腫脹難以消除，傷口癒合欠佳，出現此種情況後，首先確定是否由感染引起的，可使用抗菌素，如局部情況仍無改善，可能為過敏反應所致，需取出植入物。

3. 術前準備

（1）因手術切口位於口腔內，因此無需擔心由於氣候原因影響傷口的癒合，以及局部腫脹的消除。

（2）手術前一天以硼酸漱口或溫鹽水漱口。

4. 手術方法

（1）測量受術者術前頦部長度及後縮程度，確定所需充填材料的形態。也可在頭顱側位 X 線片上計算頦部應增加的突度。

（2）充填材料按所需外形削好，消毒備用。

（3）以 1%利多卡因加適量腎上腺素作頦部的皮下浸潤麻醉，也可採用頦孔麻醉。局部浸潤麻醉時注射藥量不可過多以免影響術後對頦部外形的觀察。

（4）手術切口位於口腔內下唇黏膜處，距離牙齦至少 0.5 公分，如果距離牙齦過近，可能會造成術後傷口縫合困難。

（5）如植入物為矽橡膠，切開下唇黏膜後，分離黏膜下肌肉組織並達下頜骨膜上，在骨膜上分離出一袋狀腔隙，腔隙不宜過大或過小。過大則植入物容易鬆動，偏斜；過小則植入物勉強塞入後張力過大，縫合部不易癒合，植入體易外露而導致手術失敗。

（6）術後局部加壓包紮，防止腔隙內出血及植入物偏斜。

（7）為預防感染，術後可口服抗生素，並用複方硼酸水漱口。

（8）術後 3 天進半流質或軟質食物，避免食用硬質食物及辛辣刺激食物，避免飲酒和吸菸。

(9) 外部包紮可於術後三天拆除，五天拆除口腔內縫線。

5. 術後併發症及處理

(1) 感染：

口腔內黏膜再生能力較強，傷口癒合較快，因此術後感染並不常見。一旦發生感染，應及早清洗傷口，並使用抗菌素。如果感染較嚴重，則需取出矽橡膠植入物，以利控制感染及傷口癒合。再次接受隆頦術需在3～6個月後。

(2) 血腫：

一旦發生腔隙內血腫，如積血量較小，且無持續出血跡象，可加壓包紮頦部，小量積血人體可自行吸收。如出血量較多，且有持續出血跡象，需及時手術清除積血，結紮出血點。

(3) 植入物位置不當：

植入物如輕度偏斜，受術者在術後早期可自行按摩矯正。如偏斜較明顯，或受術者自行無法矯正，則需重新手術矯正。

(4) 下唇溝消失：

多由於植入物缺乏有效固定及術後無有效壓迫引起。手術時需較牢固地固定植入物，術後加壓包紮。一旦發生此種情況需重新手術固定。

(5) 下唇麻木：

通常是由於損傷頦神經引起的，因此術前頦孔部位住需作一表面標記，剝離腔隙時注意避免損傷此神經。

二、下頜骨斷骨術

手術的適應症與禁忌症與頦部充填術基本相同。

1. 手術方法

（1）在下唇溝底部作切口，斜面切至骨膜，以保留更多的頦肌附著於骨面上。

（2）切開骨膜，用骨膜剝離器將骨膜剝離至頦下緣，若顯露不清楚，可適當延長切口。兩側可見頦神經孔，予以分離保留，防止損傷。

（3）在頦孔下 3～4 毫米，設計一截骨線，用微型電鋸截骨，將頦骨段按設計方案移動達到理想位置後，用鋼絲固定完善。

術前

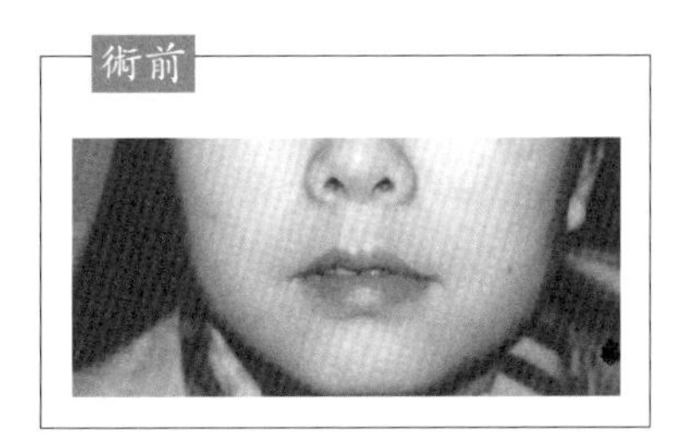

術後

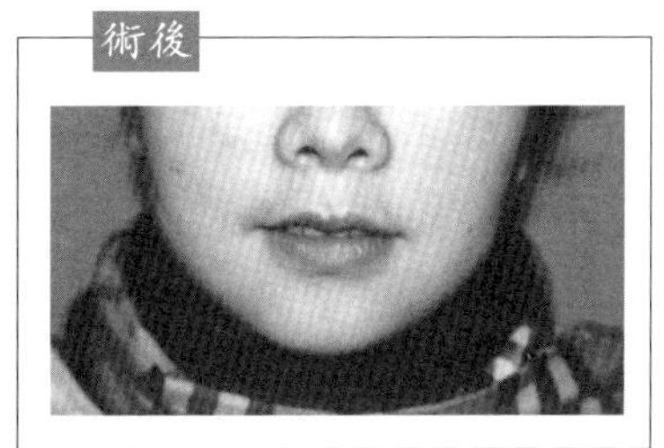

硅膠假體植入術

2. 術後併發症

（1）感染：

在臨床上並不多見，主要因縫合時內翻，創口癒合不佳而發生。經過氧化氫溶液沖洗和碘複紗條覆蓋，通常在1～2週內可以癒合。

（2）血腫：

術中止血完善可防止血腫發生。

（3）下唇、頦部麻木：

麻木可因損傷、牽拉過度和局部水腫壓迫而發生，是暫時性的，經過一段時間可恢復。若頦神經切斷，則麻木持續時間較長，甚至是永久性的。

眉部美容

眉具有保護眼球的功能，可阻止汗水流到眼內，此外，它還參與表情活動。眉形對容貌也有很大影響，從風情萬種、儀態雍容到靜婉嫻淑、脈脈含情均可從一雙眉目中品味出來。

眉毛襯托著雙眼，改變著臉型的寬窄長短。不同的眉毛給人不同的感覺：眉頭距離近，人會顯得平穩、憂鬱，使臉型縮短；眉頭相隔遠，有明郎活潑之感，但臉大者會因此而更似滿月臉；眉峰高使臉拉長，適合圓臉；眉峰外移會使臉更寬，圓臉人就應避免；上揚的眉毛使人看上去神采飛揚，下垂的眉毛使人灰頭喪氣……

但若是眉毛長得不盡人意且又想省去每日描眉所佔用的時間和精力，或者是由於疾病或外傷等原因造成眉毛的部分或全部缺損，而因為某些特殊原因無法進行整形外科手術修復的，就可以選擇眉部美容項目——紋眉和繡眉。

一、眉部美

1. 正常人眉毛的標準位置

世界各國由於人種的不同，面部結構也有差異，因此眉的標準位置只能相對面言。

眉毛位於上瞼與額之間的眶上緣，自內向外呈弧形。男性較粗密，常形容為濃眉大眼；女性較細，常比喻為柳眉杏眼。眉毛起至鼻根外側，與眶上緣呈一致方向向外上行走，中部位於眶上緣的正上方，末端向外下方彎曲，再回到眶緣附近呈一弧形彎曲。眉毛為局限性生短毛，中間部較濃而密，周邊部疏且細，內 1/3 的生長方向，一般與眼水平線呈 70～80 度角，而中外側呈10～30 度角，有的呈水平生長。眉毛一般呈黑色，隨年齡的增長，有的逐漸變為灰白色，在少數病理情況下，眉毛也可變為白色。

（1）眉頭的標準位置：

眉頭在內眥角的正上方，即眉頭與內眥角在一直線上，兩眉頭之間的距離同兩內眥間距離相等，而兩內眥角和兩眉頭之間的距離是一隻眼睛的長度。

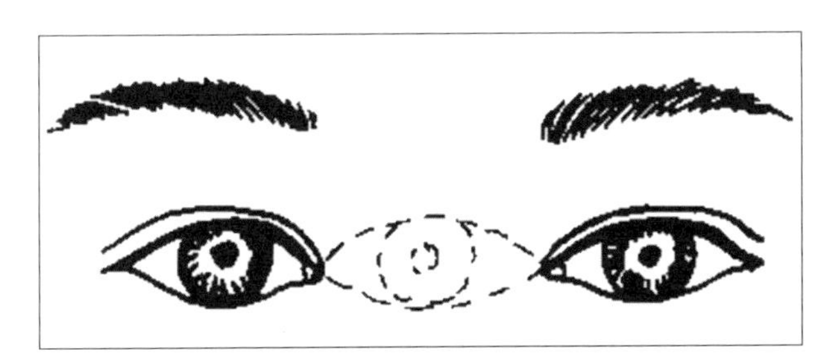

眉頭的標準位置

（2）眉梢的標準位置：

眉毛的長度達人中與外眥角連線上，其高度與眉頭大致在一條水平線上。

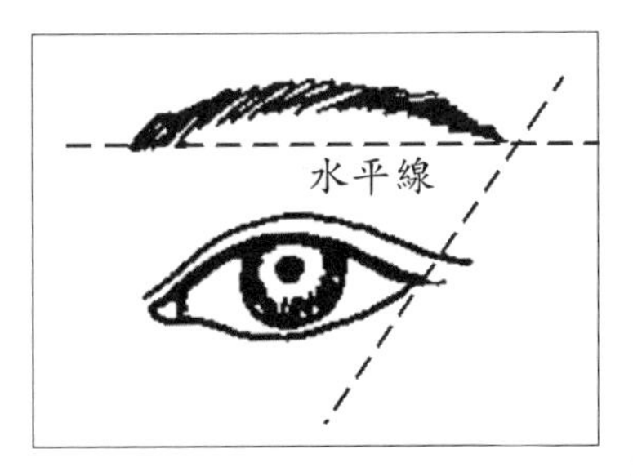

眉梢的標準位置

（3）眉峰的標準位置：

眉峰的位置以在距眉梢

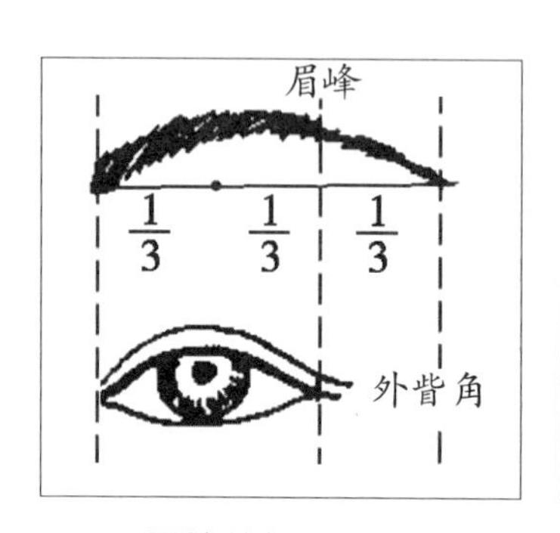

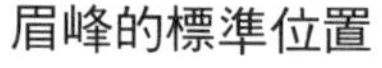
眉峰的標準位置

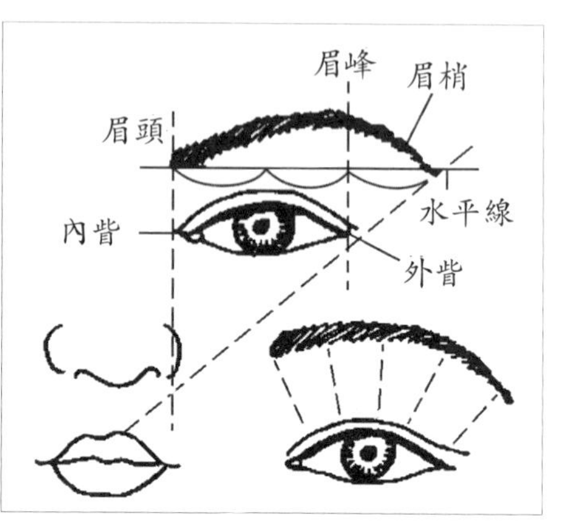

眉與其他部位的關係

1/3 眉長處為標準，即眉峰在外眥角的上方。

（4）眉毛與眼睛、鼻、唇的關係：

眉梢、外眥角、鼻翼外側緣、唇峰在一條斜線上，眉頭、內眥角，鼻翼外側緣在一條垂線上，眉的弧度與上瞼緣呈平行關係。

2. 眉的位置變化與效果

眉毛位置的改變對人的性格、氣質、風韻都有直接影響。

（1）眉頭的位置與外觀效果

眉頭在標準位置：給人一種端莊秀麗的印象。

眉頭靠裏：以內眥正上方為界，眉頭進入內眥角的內側，成為向心狀眉毛。這種眉毛顯得面部緊湊，有緊張感，給人以「苦相」、「凶相」、嚴肅，難以接近的感覺。

眉頭偏外：以內眥正上方為界，眉頭在外側，成為離心狀眉毛。眉頭略微偏外、面部顯得安詳、溫和、舒展、寬厚、給人以悠閒自得的印象。如兩側眉頭過於拉開，則給人以癡呆感。

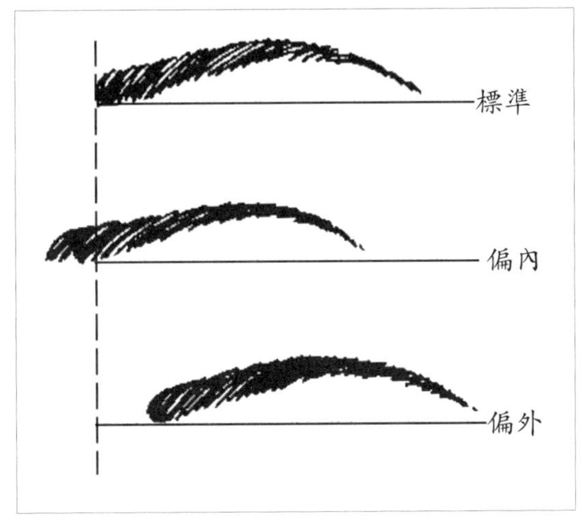

眉頭位置的變化

(2)眉峰的位置和效果：

眉峰在標準位置：面部顯得優秀、高雅、大方。

眉峰過高：可以把臉盤拉長。

眉峰過低：臉型顯得較寬。

(3)眉梢的位置與效果

眉梢呈現水平狀：有截斷面部的效果，可使臉型顯短，給人穩健、和藹、文雅的印象。

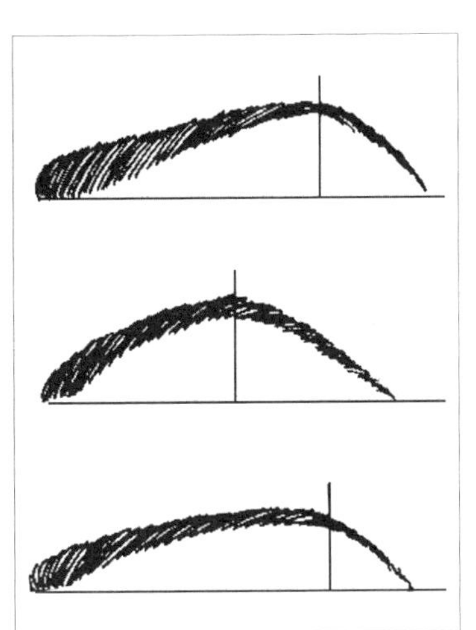
眉峰高低變化

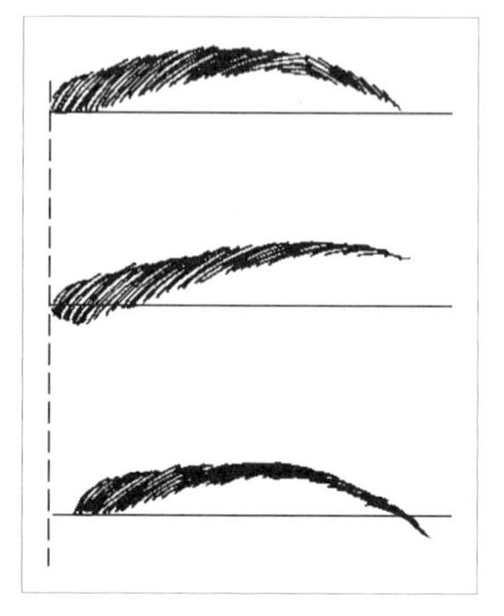
眉梢位置的變化

眉梢上升狀：使面部顯得豎長，使人覺得活潑生動。過分上挑則出現憤怒感。

眉梢呈下降狀：使面部顯得親切、慈祥、溫柔。如下降太多，到了「八」字眉的程度，則給人愁傷、憂鬱、癡呆的印象。

3. 常見的眉形

眉形本身有各種流勢，表現不同形象，而眉形的改變，直接影響到臉形和眼形。從眉形本身看，可分三大類。

第一類為流暢圓滑的眉形，給人以秀麗溫柔感。

第二類為直線形眉形，給人以年輕鮮嫩感。

第三類為方形眉形，給人以理智、端莊、成熟感。

12 種常見眉形

4. 選擇與個體相稱的眉形

不同眉形給人的感覺是不同的。每位受術者的年齡、職業、臉形、個人愛好選擇適合個人特點的眉形。

（1）按年齡選擇眉形：

青年人，宜選擇流暢圓滑形眉或直線眉。眉頭要低於水平線 1～2 毫米，眉梢高出水平線 1～2 毫米。中年人宜選擇方形眉或圓滑形眉。老年人宜選擇方形眉形，眉頭高出水平線 2 毫米，眉梢低於水平線 2 毫米。

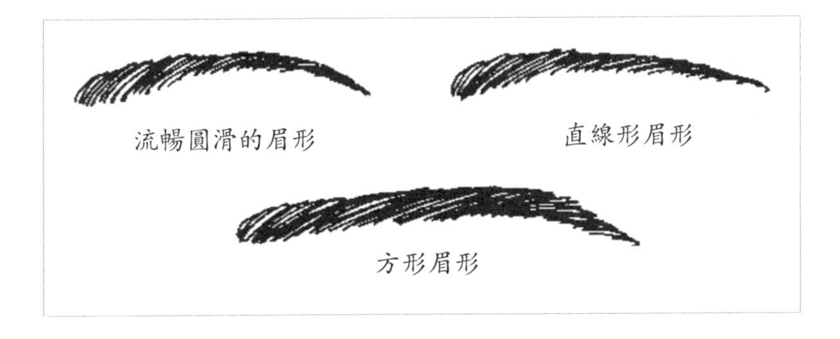

（2）按臉形選擇眉形：

長形臉的人，眉毛宜取直線形，眉梢略向下彎曲，眉形要細長些，這樣可使臉部顯得較為豐滿，減少臉型的長度。眉峰不要過高，否則與臉型不協調，更顯得臉長。

圓形臉的人，宜取流暢圓滑眉形，宜細，眉頭略低，作自然弧度，眉梢向上挑，以增加臉部長度的感覺。眉不宜過長。

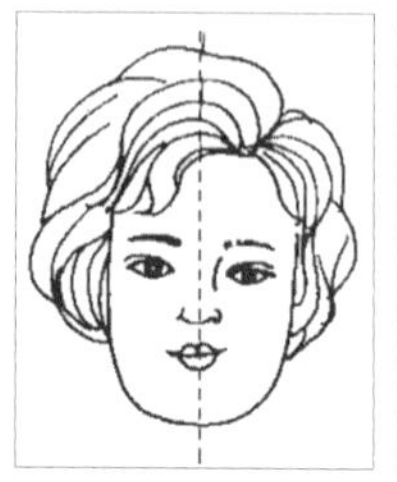
長形臉的眉形

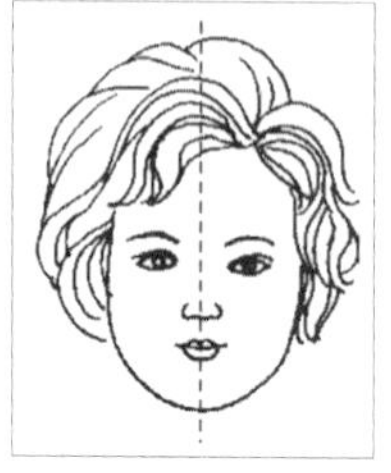
圓形臉的眉形

橢圓形臉的眉形

方形臉的眉形

橢圓形臉的人，宜取直線形眉，能使臉顯寬。

方形臉的人，適合有棱角而較粗的眉形。

菱形臉的人，以取平圓形為好。若眉梢向下彎曲大，使頰部突出，下頷及額部則顯得更長。

倒三角形臉形的人，宜取流暢圓滑形眉，使寬額在視覺上有壓縮感。從整體比例看，面部則比較協調。

正三角形臉形的人，宜取直線形眉形，形狀要大方，強調上半部的份量。三角形臉型人的眉毛形狀忌與三角形相似，否則會更加誇大臉下部的寬度。

（3）按職業選擇眉形：

文藝工作者及服務行業的年輕女性宜選擇直線或方形眉形。整個眉形應略粗些，眉梢部彎曲度略大或呈直線形，眉峰應有棱角。

教育工作者、醫務工作者及知識份子，宜選擇流暢圓滑形眉，眉峰弧度要小而圓潤。

（4）按個人愛好選擇眉形：

受術者可以根據自己的愛好，要求來選擇眉形。術者

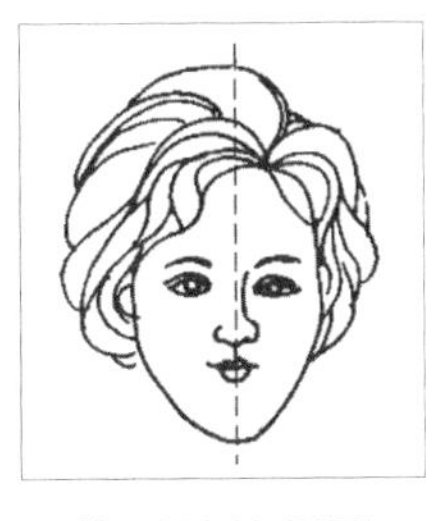

菱形臉的眉形

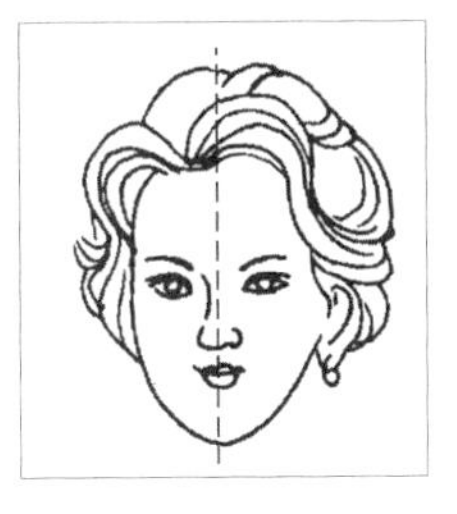

倒三角形臉的眉形

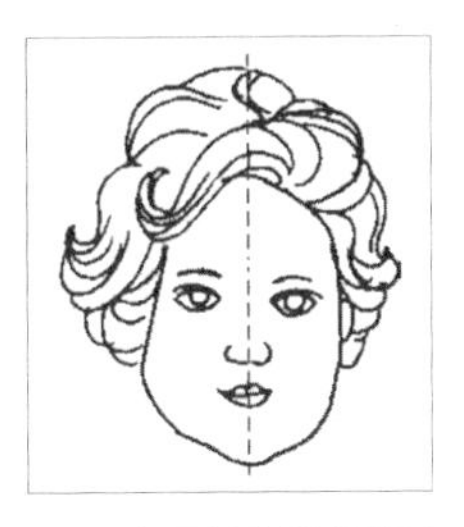

正三角形臉的眉形

應按受術者的要求給予描畫，直到滿意為止。受術者也可自己描畫眉形，術者根據其形狀給予紋刺。但對受術者所描畫眉形不恰當的地方，應給予糾正。

5. 與面形相稱和不相稱的眉形

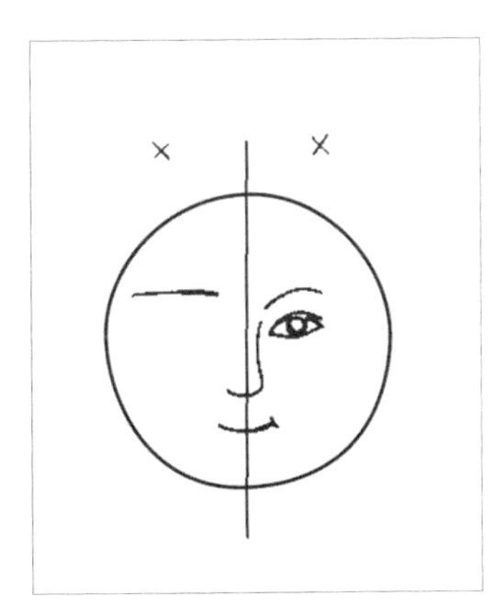

圓形臉眉形對比

左半：水平眉、臉盤顯大；
右半：眉梢上翹，臉盤顯長

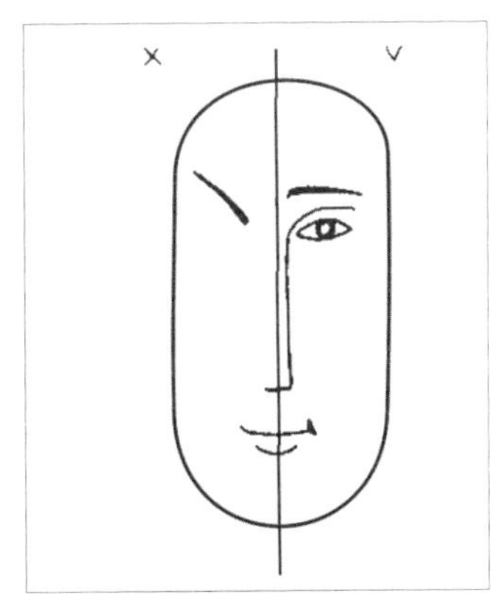

長形臉眉形對比

左半：吊眉更強調臉的長度
右半：靜止地橫向、水平、減少臉的長度

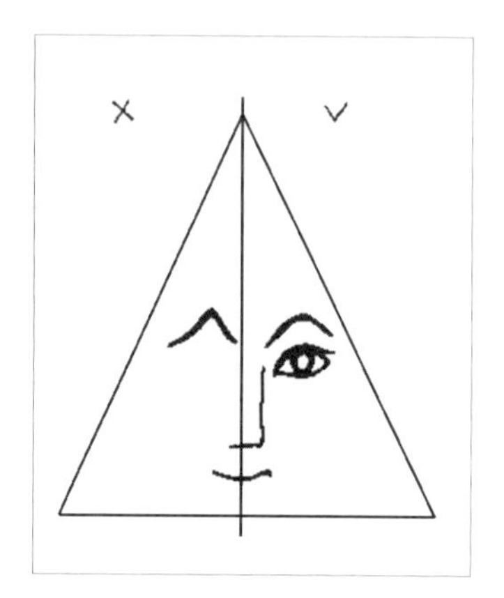

正三角形臉眉形的對比

左半：小而彎的眉毛反而強調下半部分的分量
右半：大方的眉毛

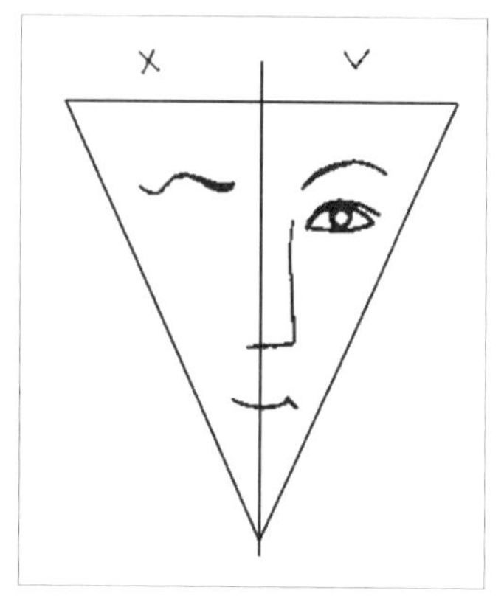

倒三角形臉眉形的對比

左半：過於造作不相稱
右半：眉毛圓滑可愛

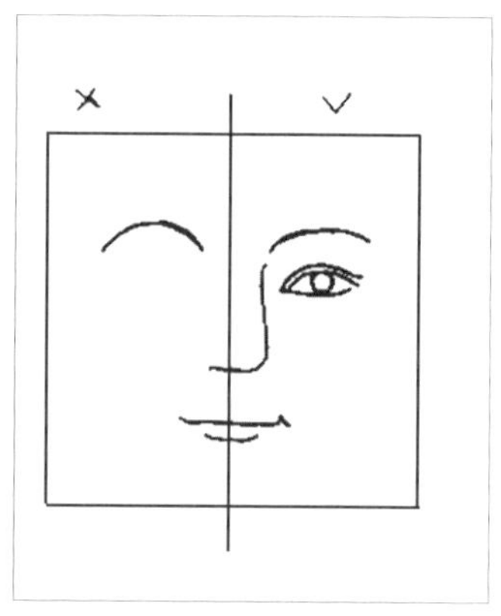

方形臉眉形對比

左半：拱形或纖細的眉形，不協調
右半：眉毛大方，有棱角，比例得當

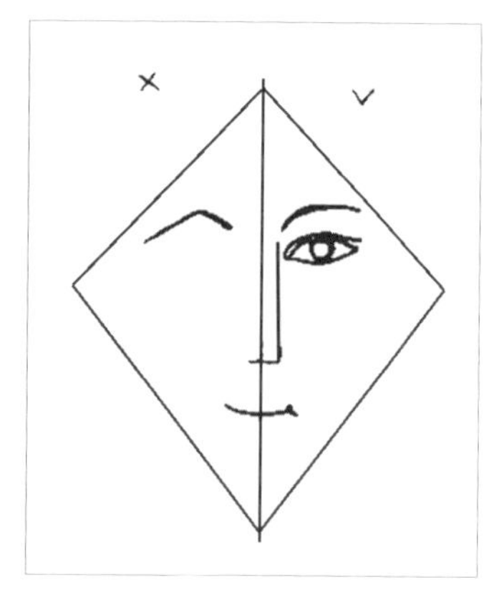

菱形臉眉形對比

左半：八字眉、臉部寬的部位更顯大
右半：眉頭稍粗，有重點

二、紋　眉

1. 紋眉應遵循以下原則

修、紋並用，為保持眉的立體感、動態感和生理功能，不能在紋眉前將眉毛統統剃掉，而應該在原有眉形基礎上修剪、美化後再進行紋眉；寧淺勿深，由於刺入皮膚的深度超過真皮層就會使色料與皮內蛋清酶發生化學變化而變色，因此，刺入皮膚的深度要嚴格控制。色料的顏色也不能過濃，否則，將影響眉與膚色、髮色的協調；甯窄勿寬，寧短勿長，因為，若紋得過寬和過長，不但褪色修正困難，而且還會使受術者再受流眉之痛苦；甯繁勿簡，對於那些平時不化妝或對紋眉沒有充分心理準備的人，切忌一來就紋。應當先畫眉、修眉，讓其適應2～3天，多徵求周圍人的意見後，再進行紋眉；寧慢勿快，操作要認真，不能只圖速度而不顧品質。由於每個人的皮膚彈性、質地、顏色不同，對色料的吸收程度也不同，對部分上色困難者，需反覆紋刺，切不可急躁；濃淡相宜，注意整體，在紋眉過程中，應時刻注意眉毛的自然生長形態，要按其長勢和色澤規律紋出濃淡相宜，富於立體感的眉。

2. 紋眉術的適應物件

由於疾病或其他原因引起的眉毛脫落症；眉毛殘缺不

全；眉毛稀疏、色淡、外傷性眉毛缺損，眉中瘢痕；兩側眉型不對稱；眉型不理想或對原眉型不滿意者；因職業需要而無時間化妝者。

3. 紋眉術的禁忌症

眉部有炎症、皮疹者；眉部有新近外傷者；患有傳染病如肝炎、性病者；過敏性體質、瘢痕性體質者；精神狀態異常或精神病患者；對紋眉猶豫、親屬不同意者也應列為暫時性禁忌症；患有糖尿病及嚴重心、腦疾病者不宜紋眉。

4. 選擇合適顏色的紋眉藥液

當前市場上紋眉液有多種，常用的有從美國進口的「帝王黑」、「特級深咖啡」、「特級淺咖啡」，臺灣產的「超級帝王黑」，國防科工委美容外科醫院研製的「凱林眉歡」等。要根據受術者頭髮的顏色、面部顏色、年齡的不同，選用不同的紋眉液。

（1）頭髮較黑，面部皮膚白皙且經常化妝的女性，應選用「凱林眉歡」紋眉液較為適宜。

（2）頭髮棕黑色、面部皮膚較白、眉毛尚好的中青年女性，可採用深咖啡藥液或「凱林眉歡」的稀釋液。稀釋方法：4～5 滴藥液內滴入 2 滴生理鹽水，搖勻後即可使用，一般隨配隨用。

（3）頭髮棕色、面部皮膚黃白或較黑、眉毛稀少或缺如的中老年平日不化妝者，應用淺咖啡藥液或「凱林眉歡」稀釋液。稀釋方法：4～5 滴藥液加 3～4 滴生理鹽水。

5. 紋眉的操作方法

（1）紋眉前，紋眉針必須用消毒液浸泡消毒，紋眉過程中所用的棉花球必須經過消毒，色料必須一人一份。

（2）在畫好的眉形上，用 1：1000 的新潔爾滅棉球或 75%酒精棉球擦拭消毒。

（3）術者手持紋眉機或紋眉針，蘸少許紋眉液沿畫好的眉形多次重複刺入皮膚，使針尖上含有的微粒氧化鈦及紋眉液進入皮膚的真皮層。紋刺時用力要均勻一致，深淺適當，否則刺入過淺不易著色，刺入過深會引起點狀出血。

（4）紋刺時，眉頭及眉毛上下緣用點刺法，眉的中間部位和眉梢用點刺法或點劃法。眉頭、眉梢部位著色應稍淺些，眉形的中間部分著色可稍深些，眉的上、下緣與眉頭部不應特別整齊，眉頭部不能超過本身眉毛之部位，否則易給人以不自然的感覺。

（5）在紋眉過程中，需多次用棉球蘸少許生理鹽水擦去浮色及滲出液，以利觀察著色情況。

（6）紋眉時一般不用麻醉，受術者只感到輕微刺痛，疼痛程度完全可以忍受。如個別人對疼痛特別敏感，不能忍受時，可在紋刺過程中用 1%利多卡因以敷於眉部，疼痛可明顯減輕。

（7）紋刺過程中，術者及受術者要隨時注意觀察著色情況及眉形，如有不滿意處，可繼續紋刺及時糾正，直到滿意為止。每側紋眉時間一般在 15~20 分鐘完成。剛紋好的眉毛看上去顏色會顯得稍深，一般在 1 週左右，脫下一層薄痂後，眉色才真正定型，顯得逼真自然。如果脫痂後，眉色覺得淡，可作第二次補色，以使眉形更加完美。

（8）紋刺完畢，可在局部塗一層抗生素藥膏，以防感染及厚痂形成。

6. 紋眉後的效果

遠看：眉形自然、漂亮、濃淡適宜、清秀、神采奕奕，富於立體感而充滿活力。

中看（距 5 公尺左右）：眉似「畫的眉」，給人以柔和，兩側對稱，濃淡相宜、自然又美麗的觀感。

近看：用手觸摸時不玷污皮膚，不褪色，才知道「原來不是畫的眉，而是紋的眉」的感覺，給人柔和、自然、不虛假的感覺。

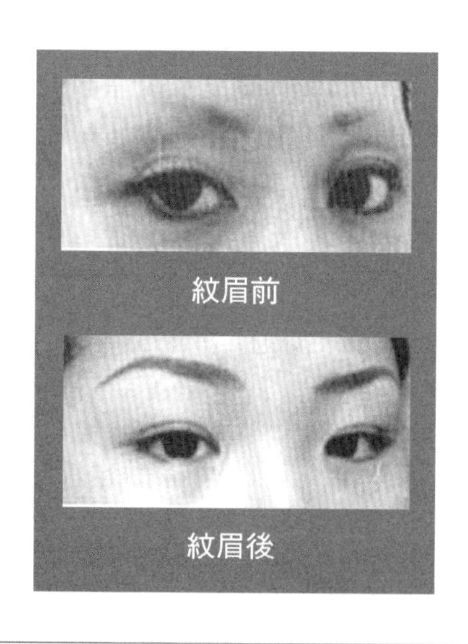
紋眉前
紋眉後

7. 眉形不美的修補

（1）對著色深淺不均或部分脫色者，可於術後 1 個月再給予著色。

（2）受術者對所紋眉不

滿意而要求調整時，可在原眉形基礎上給予修整，待受術者完全滿意後再進行紋刺。

（3）對眉顏色過深、眉頭偏內、眉峰過高、眉梢過高或過低，眉過寬者，可有脫色、遮蓋法或鐳射及手術方法治療。

脫色療法：用新潔爾滅棉球局部皮膚消毒，再用紋眉針在所需脫色的部位均勻紋刺，紋刺時不蘸任何藥液。紋刺的深度比紋眉時略深些，其深度以紋刺部位均勻出血為宜。在針刺部位用棉簽蘸少許脫色液塗抹，邊塗邊用力擦拭，持續 5 分鐘，然後再用新潔爾滅棉球擦去血液及脫色藥液，局部塗抗生素，經 7～10 天結痂脫落，部分色素脫失。一個月後可再行第二次脫色治療。一般治療 3 次，顏色明顯變淺，但要使顏色全部消除比較困難。

遮蓋療法：用其他顏色的藥液紋刺入皮內，將其原有的黑色或其他顏色遮蓋。

方法為：先用新潔爾滅棉球局部消毒，用清洗乾淨的紋眉針蘸遮蓋色在原紋眉形多餘部位進行紋刺。紋刺的要點是，將遮蓋色均勻地紋刺在原來顏色的上面。紋刺深度要適當，紋刺過深遮蓋不住，紋刺過淺遮蓋色脫失。在紋刺前應仔細觀看原來顏色的深度，然後進行紋刺遮蓋色。目前市場上銷售的遮蓋色只有一種粉白色，因此選用遮蓋療法，還應注意受術者的膚色；如兩者色調懸殊較大，即使能將黑色遮蓋，其效果也不理想。

鐳射療法：目前使用鐳射洗眉的效果已基本得到社會

公認。鐳射治療設備發出的特定波長的鐳射能讓紋眉的色素極大限度的吸收，這些色素在巨大能量的作用下自行破裂分解成極小的色素顆粒，並由人體自身的免疫功能，作為異體被大量吞噬細胞包圍，逐漸吸收異體排出體外。

術後治療部位發白，部分患者將在數天的脫痂，同時由於色素顆粒被打散，患處將可能顯得比治療前顏色更深，這都屬於正常現象。由於紋眉的時間長短、手法及色素種類不盡相同，鐳射治療次數也不等，一般情況下一次治療後便可達到顯著效果。鐳射治療相比於脫色及遮蓋療法更簡單且疼痛輕、時間短，術後也無需特別護理。更重要的一點是，治療後不會留下任何疤痕。

手術治療：眉形經脫色、遮蓋等方法治療後，眉形仍十分難看，而患者對治療又十分迫切時，可考慮在眉毛邊緣做條狀切除，用8/0尼龍線縫合，術後5～6天拆線。術後疤痕較細且在眉毛根部，一段不十分顯露，或切除部分略寬些，術後半年在疤痕部位紋刺，這樣疤痕不明顯，眉形又得到重新調整，其效果也較滿意。

三、繡眉

紋眉技術的出現確實解決了一些天生眉形的缺陷，也給不願每天花時間畫眉的女性解除了煩惱。隨著時間的過去，美容界正流行了一種新興的技術，並有取代紋眉的趨勢，這就是繡眉。

繡眉之命名，足以說明其方法就如繡花。它是以刺青的方法繡出眉毛形狀，然後把色素注入皮下組織約0.2～0.3公分深處，使色素附於皮膚，長期不褪色，達到美容的目的。其與紋眉相比無論方法、工具、效果等都有明顯的區別。

首先，在使用工具上，紋眉是以「單針」或「三針」，加上電動工具的輔助，逐針的把色素紋在皮膚上，操作過程有如紋身，而繡眉則是以 12 支或 16 支幼針結合成 45 度的斜角，一次把較多的色素如刺繡般挑刺進皮膚內，全以手控，無需電器輔助。

再者，在使用的色料上，紋眉多用水狀色料，黏性較弱，繡眉則使用膏狀色料，黏性較強，色素較易隨針進入皮下，故易於上色。還有，紋眉是以 90 度角垂直地把針刺在皮膚下，會有一定的痛感，而且每次刺入的數量有限，上色時間較長；繡眉針成 45 度進入皮膚的深度有限制，只繡入皮下約 0.2～0.3 公分，因而創傷較小 ，痛苦較小，而且由於不會與皮下黃色素混合，因而不會變色。時間也比較短。相反，紋眉針因垂直插入皮膚，容易刺入皮膚深層，若誤把色料帶入深層並與皮下黃色素混合，便會造成變青變藍，不易補救。

另外，由於紋眉是以多次的單點來刺繡整條眉，所以效果會比較生硬、不自然。而繡眉每次的點數較多，較易造成柔順自然的效果。但從永久性方面看，紋眉可一勞永逸，而繡眉只會維持 2～3 年。

關於繡眉的原則、適應症、禁忌症、效果及注意事項等與紋眉相同。要強調的是，關於藥液的選擇還是要根據受術者頭髮的顏色、面部顏色、年齡來選用不同的繡眉液。繡眉液的顏色一般有：黑色、黑咖啡、深咖啡、中咖啡、亮咖啡，另外還有一些調配液如白色、土黃色。原則上，18～42 歲的女性選用黑咖啡色和深咖啡色，也可加一份的土黃色使眉毛看上去更柔和；年齡偏大的中老年女性可選用中咖啡色；年輕人可直接選擇亮咖啡色，顯得大方、活潑。

繡眉的針法有全導針、點針、後導針、旋轉針。全導針用於繡出整條眉毛的框架及主體部分；後導針用於眉頭的刺繡，使其看上去有根有梢的感覺；旋轉針用於眉頭向眉峰的過度；點針則用於眉毛最後的修飾，起到提升的效果。

繡眉後要注意清潔，塗擦消炎藥膏。繡眉後表皮會自動結痂，數天後自然脫落，不可用手去剝，否則會形成疤痕， 1～3 天不可吃海鮮、喝酒，以防過敏紅腫。

另外，若患有糖尿病、心臟病、皮膚過敏或受傷後不易痊癒者，以及白血球過多、血小板不足、出凝血時間延長、皮膚對色素有排斥者，不適宜繡眉。

四、紋眼線

畫眼線是眼妝中不可缺少的一部分，但每日早晨畫眼線，晚上卸妝去掉，會很麻煩。還會因流淚、出汗等多種原因被破壞眼妝，而如果紋眉線後，這些問題就可完全解決。

通常把上、下睫毛根部自然排列所形成的半弧形線稱為眼線。眼線深，會襯托出眼睛的美麗神采；眼線淺，會使眼睛失去靈氣和精神。紋眉線，不僅能起到擴大改變眼線，增加睫毛濃密感的作用，而且能使黑色的眼線與白色的鞏膜形成顏色上的黑白對比，彼此襯托，眼睛更加顯得明亮有神、嫵媚動人。對於大多數女性來說，紋眼線均能收到良好的美容效果。

紋眼線首先要確定自己的眼睛是否適合紋。一般上眼瞼皮膚無明顯下垂，下眼瞼無內翻、外翻者均可紋眼線。術前 1 日滴消炎眼藥水。但凡有瞼緣炎症，下瞼外翻，眼球外突明顯，傳染病及過敏體質者，均不適合紋眼線。當確定自己可以紋眼線後，第一步，要有充分的思想準備，一旦紋上眼線便很難去掉。第二步，就是選擇最佳時間，應避開夏季，防止因氣溫高，出汗多造成感染。

1. 紋眼線的一般原則

(1) 紋眼線的正確部位：

上瞼睫毛有 3～4 排，上眼線的部位應位於近瞼緣處第一排睫毛根部起向上紋刺，內側細向外側逐漸加寬，寬窄可因個人眼形而異，最寬部位一般 3 毫米左右，與下眼線寬度之比為 7：3。下眼線紋刺部位在下瞼緣灰線與下瞼睫毛之間，寬度為0.6～0.8 毫米。上下眼線內側起自淚點，

外側至外眥部，下眼線外側位置可略低些。

（2）眼線的顏色：

以越黑越好，用「超極帝王黑」，或「凱林眉歡」配少許「超級帝王黑」，色澤好。

（3）眼線的形狀：

上眼線為內眥部細，向外逐漸增寬，最寬部分 3 毫米，紋至外眥角尾部向上翹，下眼線自內眥至外眥，沿瞼緣走行紋刺，在外 1/3 處略粗至外眥角，位置也略偏下，上下眼線要清晰，線條要流暢，所紋的眼線粗細應均勻，否則外觀不美。

2. 要根據眼形紋眼線

（1）雙眼皮的眼線：

上眼線從內側由細到粗，紋到尾部向上挑，形成角度。上眼線最寬處為 2.5 毫米，下眼線從內側起由細到粗，粗細差別不大，最粗為 0.8毫米。紋到自尾部起 1/3 處略向下 0.5 毫米。

（2）單眼皮的眼線：

上下眼線與雙眼皮眼線基本相同，只是上眼線略寬些，上眼線尾部向外上方挑起。

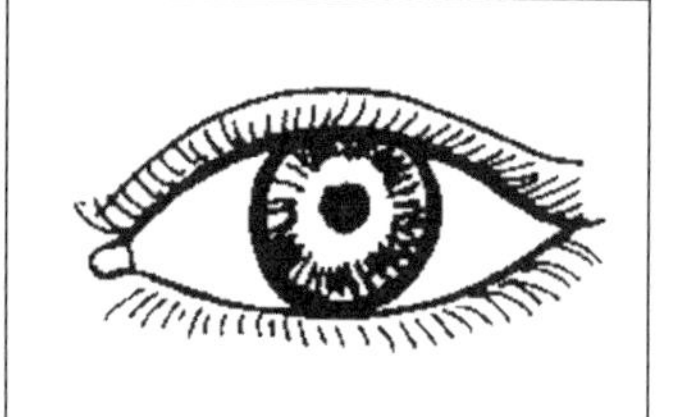
雙眼皮的眼線

（3）小眼睛的眼線：

上下眼線應稍粗些，起始部應超過淚點，尾部略超過外眥角並向上平出，這樣眼睛可顯大些。

（4）大眼睛的眼線：

上下眼線不要太粗，要整潔清秀，內側從淚點外起至外眥角向上平出，尾部略外翹。

（5）吊眼角眼睛的眼線：

上眼線外側末端微向下，尾部不要上翹。下眼線外 1/3 處位置偏下，可位於睫毛根部或略低於睫毛根部，尾部可略寬些，其寬度可至 1 毫米。

（6）下垂眼睛的眼線：

上下眼線內側超過淚點，上眼線外眥角處要鋒利，外 1/3 處起至尾部，略寬些，下眼線始終在灰線睫毛根之間紋刺。尾部向上方挑起，造成上斜鳳眼的感覺。

（7）細長眼睛的眼線：

上下眼線中央部位可適當粗些，產生眼周線減短的錯覺。

（8）圓形眼睛的眼線：

上下眼線在尾部向外適當延長，使眼睛顯得修長。

（9）腫眼睛的眼線：

整個上眼線要粗些，以內眥角向外眥逐漸加寬，在距外眥角 2 毫米處向上平挑，形成明晰的斷口線，下眼線要細。

（10）凹陷眼睛的眼線：

上下眼線要細，下眼線外眥角略細。

3. 紋眼線的操作步驟

紋眼線術借助銳器將染料沿睫毛根刺入皮內。

（1）眼線設計：

根據眼睛的大小，是雙眼皮還是單眼皮等不同情況，設計不同的眼線，並徵得受術者的同意。

（2）確定顏色：

基本上與頭髮顏色相同，若皮膚較白，可選咖啡色，若膚色黑，可選純黑色。

（3）清潔清毒：

消毒結膜囊及眼周皮膚。

（4）麻醉：

局部麻醉（可根據情況用 1%～2%的利多卡因 0.5 毫升），沿瞼緣皮下作局部浸潤麻醉。

（5）紋眼線的方法：

用手撐開眼瞼，右手持紋眉機，蘸少許特製的黑汁，腕部緊貼眼瞼，紋眉機與眼瞼成 90 度角，由內眥向外來回走針，直至達到滿意為止。紋完眼線後應立刻用眼藥水沖洗眼內的黑色絲狀物，減輕結膜充血，紋眼線處用抗生素眼膏塗擦並用 0.25%氯霉素眼藥水滴眼，以防感染，每日 4 次，連續 3日。

4. 注意事項

由於紋眼線是一筆定終身，因此，要掌握好以下幾點：

（1）要注意選擇色料，主要根據膚色和喜愛而定，基本上是選與頭髮顏色相同的色料；若膚色較白，宜選咖啡色，若膚色偏黑，宜選用純黑。

（2）要注意消毒嚴格，避免術後感染。

（3）對於眼睛有急慢性炎症，近期做過眼部手術，眼睛多淚，過敏體質，瘢痕體質，精神過度緊張等情況者，最好不要紋眼線。

（4）紋完眼線後應用冰袋或冷毛巾敷雙眼，以成輕眼瞼的水腫、充血。紋完眼線的當天晚上，應少飲水，睡覺時適當墊高枕頭。

（5）紋完眼線後應減少躺臥的時間。因為睡覺時頭的位置較低，而眼瞼又是面部最鬆弛的部分，水分極易沉積於此處而加重腫脹。

（6）紋完眼線後七日內不要用水洗眼睛，以防止感染。

（7）一部分人在紋眼線後 5～8 日局部脫痂並出現脫色現象，一般可採用補色來彌補。對部分顏色不均的地方，可在淡處補色，補色的時間一般在 6 週以後進行。

（8）紋眼線時以採用點刺法做直線運動為宜，紋出的眼線條要流暢，切忌粗細不勻。

（9）紋眼線只適宜於每天都需要化妝者。如果只有眼線鮮明突出，而臉部其他部位不上妝就有一種失調感，那就不美了。

5. 眼線形態不美的修補

紋眼線後，如發現形狀不美，或某些部位著色不均勻或粗細不均等，可於術後 6 週左右進行調整和補色。外形調整可用脫色和遮色治療，如眼線過寬、過長，用脫色和遮色治療效果欠佳者，下眼線可手術切除部分著色皮膚，術後疤痕不明顯，效果尚可。用鐳射治療機可將紋入皮膚的色素脫掉，效果滿意（方法同鐳射洗眉）。

眼部整形美容

眼睛是心靈之窗。在情感表現和信息交流中，眼神的表達能力是語言和手勢不能取代的，縱有千言萬語，或許只需一個眼神，對方就全明白了。通常情況下人類從外界獲得的信息約90%來自雙眼。眼也是表情器官，在人類情感、思想交流中具有重要的作用，能反映出一個人的喜、怒、哀、樂等各種內心活動和情緒。

眼睛還是容貌的中心，人們對容貌的審視首先從眼睛開始。一雙清澈明亮、嫵媚動人的眼睛，不僅使人更具魅力，同時也能掩飾面部其他部位的不足和缺憾。

眼部是面部容貌的中心，對容貌的美醜具有重要的影響，眼部的任何缺陷都能造成人們心理創傷或精神壓力，對人們的社會活動、職業選擇、戀愛婚姻都有不同程度的影響。

眼部醫學美容按其方法可分為：藥物美容法（包括外用、內服兩類）、針灸美容法、按摩美容法、理療美容法、氣功美容法及手術美容法。在我國，眼部美容外科有著悠久的歷史。追溯到周朝即有黑顏畫眉的記載，《韓非子集》中，「粉以敷面，黛以畫眉」。唐朝時即有美容外科醫師，為了彌補眼睛的殘疾，已開始假眼植入術，且手術已很精細，可令「置目中無所得，視之如真睛。」

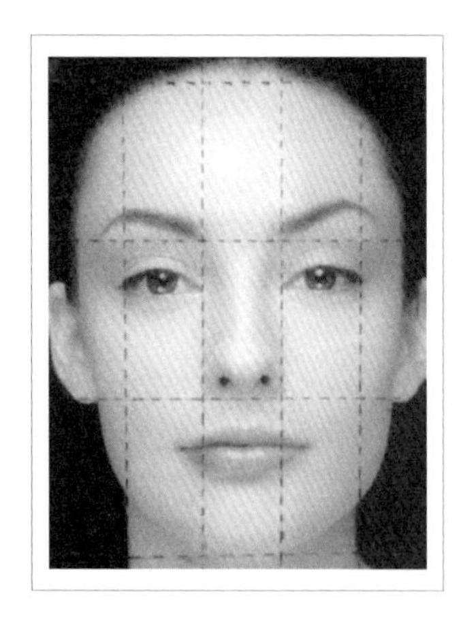

在過去物質潰乏的時代，對美的追求只是少數有錢人的權利，而對大多數人來說只是奢望，在生活水準已大大提高的今天，人們完全有能力實現美的夢想。

一、眼部的外部構成

眼部由眼瞼、睫毛、眉、眼球等構成。下面介紹眼瞼與睫毛。

1. 眼瞼

即人們通常所說的「眼皮」，它是眼球前方的組織，有保護眼球，防止眼球表面乾燥的作用。眼瞼分為上、下兩部分，上眼瞼較下眼瞼寬大且活動度大。上下瞼緣間的

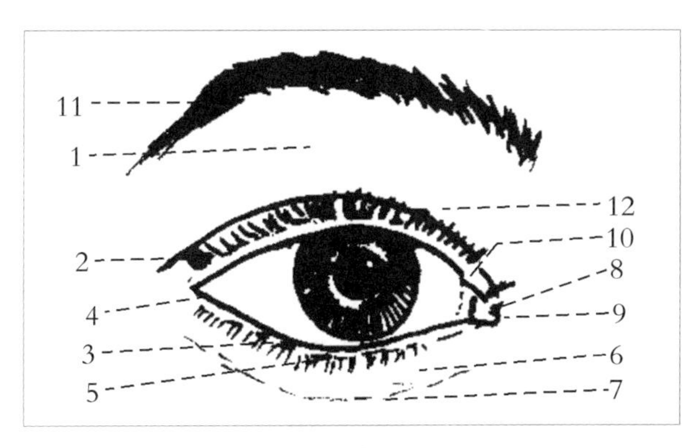

眼的外部構成

1.上瞼　2.上瞼緣　3.睫毛　4.外眥
5.下瞼緣　6.下瞼　7.下瞼溝　8.淚阜
9.內眥　10.半月狀皺襞　11.眉　12.上瞼溝

空隙稱作瞼裂。眼瞼的結構可分為皮膚、肌層、纖維層和瞼結膜。眼瞼的皮膚是人體最薄的皮膚之一。厚約 0.6 毫米，含有豐富的神經、血管、淋巴管、彈性纖維，皮下有一層特別疏鬆但缺乏脂肪的組織，因此容易形成水腫，氣腫、血腫，患某些疾病如心臟病、腎病、皮下水腫時往往在眼瞼上首先表現出來。

2. 睫毛

上下瞼緣都生有睫毛，排成 2～3 行，起到保護眼球的作用，也增加了眼睛的美感。上瞼的睫毛多而長，約100～150 根，長度平均為 8～12 毫米，稍向前上方彎曲生長。下瞼睫毛短而少，約 50～80 根，長約 6～8 毫米，稍向前下方彎曲。細長、彎曲、濃密的睫毛對眼型美具有重要的輔助作用。

三、眼型

眼睛之美在於眼型與眼神的和諧統一。根據眼睛的位置、大小、形態，可將眼分為以下幾類：

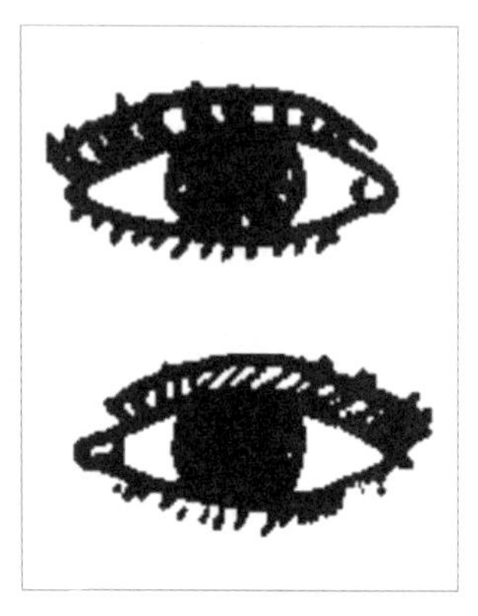
標準眼

1. 標準眼

又稱「杏眼」，眼睛位於標準位置上，眼裂高度與寬度比例適當，顯得俊俏美麗。

2. 丹鳳眼

屬美眼的一種，外眼角高於內眼角，眼裂細長呈內窄外寬，眼瞼皮膚較薄。

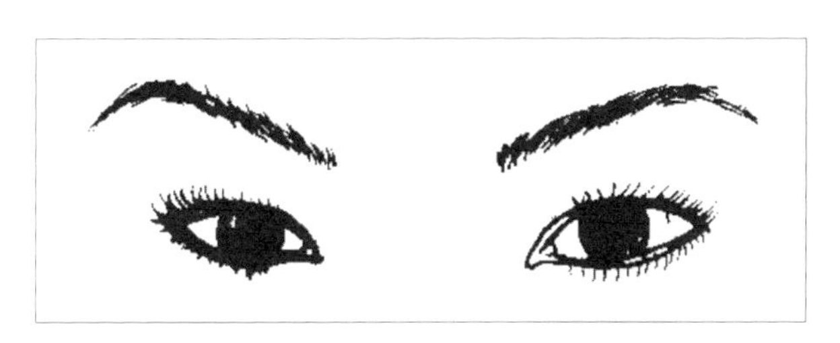

丹鳳眼

3. 細長眼

眼裂細長，給人以缺乏眼神感，常顯得沒有精神。

細長眼

4. 圓眼

眼裂較寬，黑眼珠，白眼球露出較多，眼睛顯得圓大，給人以目光明亮之感。

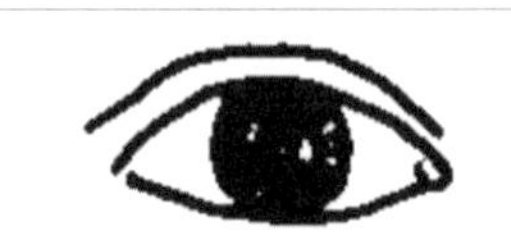

圓眼

5. 吊眼

外眼角高於內眼角，顯得機智靈敏，目光銳利。

吊眼

6. 垂眼

外眼角低於內眼角，給人感覺陰鬱，缺乏精神，顯老態。

垂眼

7. 三角眼

多由於上瞼皮膚中外側鬆弛下垂，遮蓋部分瞼裂引起，先天性者少見。

三角眼

8. 腫泡眼

腫泡眼

眼瞼皮膚顯得肥厚、鼓實。給人以不靈活、遲鈍、神態不佳的感覺。

9. 雙眼間距過寬

雙眼間距過寬

10. 雙眼間距過窄

雙眼間距過窄

11. 突眼

突眼

瞼裂過於寬大，眼球大，向前方突出，多見於近視、甲亢等疾病。

12. 小圓眼

瞼裂高度及寬度短小，整個眼型呈小圓形態。

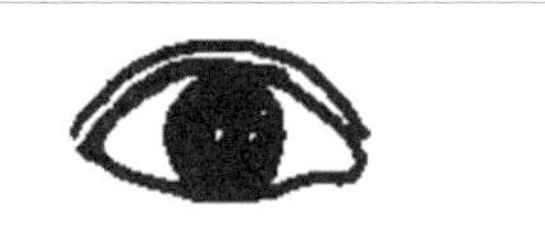

小圓眼

13. 小眼

瞼裂高度及寬度短小，雙上瞼下垂，內眦間距過寬。

小眼

四、重瞼術（雙眼皮成形術）

重瞼術即雙眼皮成形手術，是我國目前開展最為廣泛，最為普及的一種美容外科手術，它由於手術簡單、損傷小、恢復快，效果好，已為廣大愛美人士接受。

上瞼表面相當於瞼板上緣處有一溝稱中瞼溝，距瞼緣多為 5～6 毫米，有此溝者上瞼呈雙眼皮形態，無此溝者呈單眼皮形態，也有人上瞼有多個皺襞稱多層重瞼。

雙眼皮按形態可分為：平行形、開扇形、新月形；或分為：全雙、中雙、半雙、隱雙。

西方人一般是雙眼皮，單眼皮很少見，因此單眼皮被認為是畸形。而東方人單眼皮則比較常見，不能被視為畸形。一般認為，具有雙眼皮的眼睛給人感覺更明媚、俏麗，眼睛更明亮、傳神，而單眼皮的眼睛往往顯得眼睛較小，缺乏神韻。因此，許多人尤其是年輕人都想由雙眼皮成形手術以增加眼睛的美感。

1. 自然重瞼形成的原因

上眼瞼皮膚下有一束縱行的肌肉，稱為提上瞼肌，提上瞼肌收縮可使眼睛睜開。如果有一部分提上瞼肌附著於上瞼皮膚，睜眼時上瞼皮膚形成一弧形皺褶即形成雙眼皮；如果沒有提上瞼肌附著於上瞼皮膚，睜眼時上瞼皮膚不能形成皺褶，則表現為單眼皮。

2. 美容術形成重瞼的原理

運用美容手術進行重瞼成形的方法，主要就是基於自然重瞼形成的機制。無論運用埋線法、縫線法或切開法等

方法均是使上瞼重瞼線處皮膚與瞼板或提上瞼肌腱膜黏連固定，在睜眼時重瞼線下皮膚提起，線以上皮膚鬆弛下重形成皺襞，即出現重瞼。

3. 重瞼手術適應症

大部分人認為雙眼皮比單眼皮美，但並非所有的人都適合做雙眼皮，必須與個人臉型、眉型，眼型等協調，還與個人的性格、氣質、表情、健康狀況等有關。

原則上說，凡是自體健康、精神正常，主動要求手術而沒有手術禁忌症的單眼皮者，均可接受重瞼手術。

4. 重瞼手術禁忌症

雖然原則上身體健康、精神正常，主動要求手術者均可考慮手術，但仍有許多手術禁忌症必須考慮，全面權衡手術利弊，對手術前後效果有清醒的認識才能規避手術風險，達到美容的目的。

（1）患者嚴重心、肝、腦、腎等重要臟器疾病者。

（2）有嚴重的出血性疾病者，此類人士手術後可能發生大出血或皮下血腫，嚴重影響手術效果及安全。

（3）精神疾病患者。

（4）臉神經癱瘓且伴有眼瞼閉合不完全者，此類人士手術後重瞼無法形成。

（5）患有青光眼等嚴重眼部疾病患者。

（6）女性懷孕、月經期間應避免手術，以免影響胎兒正常發育，或術中、術後出血過多，影響手術效果及術後恢復。

(7) 具有疤痕體質，過敏體質者最好也不做。

(8) 眼部皮膚破潰、感染時，不宜手術。

(9) 有上瞼下垂，瞼內翻患者不應單純做重瞼術。因上瞼下垂主要是由於上瞼提肌功能減弱或喪失引起，不解決此關鍵問題而單純行重瞼術，無法取得良好的手術效果，重瞼無法形成。

(10) 眼球突出，顴弓過高，眼窩深陷者最好不接受重瞼術，如接受術後可能更加突出面容不足，不能增加美感。

(11) 如兩眼間距過寬，鼻梁塌陷明顯，眼裂小，嚴重內眦贅皮者，單純接受重瞼術無法改善容貌，需先矯正其他缺陷後再考慮重瞼術。

(12) 有心理障礙，對自身眼瞼條件缺乏認識，一味追求不切實際的重瞼形態者。此類人士術後效果往往達不到他們的期望值，易產生失望感且易造成醫患糾紛。

(13) 家屬堅決反對者不宜手術，否則易造成家庭失和及醫患糾紛。

(14) 12 歲以下兒童不主張接受重瞼術。

5. 手術前的準備

對於準備接受重瞼手術的人士來說，手術前須有一些必要的準備。

（1）女性避開月經期，妊娠期。

（2）術前7～10天停止服用類固醇類藥物及阿司匹林等抗凝血藥物。

（3）對於手術後希望達到的效果具有一個初步的想法，如重瞼的寬窄、形態等等。

（4）術前一天洗頭、洗澡。手術當天不要化妝。

（5）佩帶隱型眼鏡者，術前需取出隱型眼鏡，以免消毒藥水流入眼睛，損傷隱型眼鏡。

對於施行手術的醫師，在手術前也必須認真做好準備工作：

（1）瞭解患者全身情況。

（2）檢查患者視力。

（3）檢查雙側上瞼皮膚彈性，鬆弛程度。

（4）檢查有無內眦贅皮，內眦間距過寬，眼瞼閉合不全，眼球突出，上瞼下垂等表現。

（5）了解患者要求及手術動機。

（6）術前需做醫學照相，以便與術後照片對比。

（7）做好術前談話，詳細告知術前、術後注意事項，術後可能達到的效果及可能出現的併發症。

（8）術前簽字。經檢查與談話，患者及其家屬同意手術，應在術前簽手術同意書。

6. 重瞼術的術前設計

重瞼皺襞的寬度主要取決於瞼板的寬度。東方人上瞼板寬度 7～9 毫米，故設計重瞼線時不宜太寬，一般受術者術前希望看到重瞼術後效果，可有一簡易的方法：令受術者端坐，雙眼自然閉合，醫師用一牙籤在受術者上瞼中間距瞼緣約 7～8 毫米處輕壓，令患者睜眼平視，此時即出現上瞼重瞼形態。不過此形態只能作為大致參考，因手術操作、術後腫脹、受術者上瞼皮膚鬆弛狀態，均會對術後效果產生影響。

手術時，患者平臥，自然閉眼，重瞼設計線最寬處位於中央線上，即通過瞳孔中央垂線，一般女性取7～8 毫米，男性取 5～6 毫米，上瞼皮膚不可繃緊，因繃緊時與自然狀態會有 1～2 毫米誤差。

重瞼線內側間距內眥約 5 毫米，外側距瞼緣還要寬1～2 毫米。輕壓重瞼線最寬點處，令患者睜眼，平視，此時上瞼即出現一條重瞼皺褶線，可依此線畫出重瞼設計線，此線一般內側最窄，外側稍寬，中央部最寬。依此線設計形成的重瞼一般為開扇形，利於淋巴回流，減少術後水腫，也可使眼梢的外形略向上翹，形如「丹鳳眼」，更增添眼睛的嫵媚與神采。

對於大多數切開法重瞼術者，開扇形均適合他們；新月形往往設計於埋線和縫線法術式中；對於瞼裂細短，有輕度內眦贅皮者，可設計平行形皺襞線。

設計重瞼線時，力求兩側重瞼線高度，長度、弧度對稱相同。要注意重瞼與上瞼的比例協調，一般重瞼線寬度應不大於眉下緣至瞼緣距離的 1/3。重瞼線的設計還應注意與整個容貌之間的比例和諧，即根據患者面型、眉型、眉眼距離、眼型、鼻梁高低等具體設計，例如面型大，眉眼距離寬，眼裂較大的人士，重瞼線可設計寬一些；相反，面型小，眉眼距離近，眼裂小，鼻梁低者，重瞼線應設計窄一些等等。設計重瞼線應遵循「寧窄勿寬，力求適中」的原則。重瞼線應是一條流暢的弧形曲線，這樣術後形成的重瞼才更具魅力。

7. 重瞼成形術的手術方法

重瞼成形術方法很多，名稱也很多，但歸納起來可分為三類：埋線法、縫線法和切開法。

（1）埋線法

適用於瞼裂大，眼瞼薄，無雍腫，眼瞼皮膚無鬆弛，張力正常，無內眦贅皮的年輕人。

優點：操作簡單，創傷小，重瞼外形自然，無切口，術後組織反應小，腫脹消退快，恢復快。

缺點：重瞼容易變淺，變窄甚至消失，線結容易鬆脫導致手術失敗，如線結埋入過淺，易外露或形成小硬節。

此法中包含有一針法、三針法、四針法等。

①一針法：形成的重瞼穩固、自然，但較窄，呈新月形。於上瞼中段設計一距瞼緣高 8 毫米、長 10 毫米的標誌線，上瞼局部皮下給予 0.1～0.5 毫升利多卡因浸潤麻醉後，從設計標誌線一側用 5/0 或 6/0 美容尼龍線進針。翻轉上瞼，由瞼板上緣下方約 1 毫米處出針，再由此點進針，在

結膜下潛行 3 毫米後轉向皮膚面，在真皮層潛行 3 毫米後由原皮膚面進針點出針，結紮縫線，將線結埋藏於皮下。

②三針法或四針法：畫出皺襞標誌線，分為三組或四組，中間一組為重瞼最高處，手術操作方法類似於一針法，但 3～4 組縫線先勿打結，需逐一完成各組縫合後，再各組逐一打結，因為縫完一針就打結，瞼板翻轉就有困難。術中如發現皺襞弧度不圓滑，雙側高低不一致或長度不等，應及時調整。如某組縫線鬆脫引起皺襞弧度不圓滑，可補充縫合。術後不必包紮。

（2）縫線法

適用對象同埋線法。

優點：操作簡單、無切口、術後無明顯疤痕。

缺點：術後水腫明顯，不過一旦拆線，水腫會很快消失。重瞼易變淺、變窄、消失。如縫線貫穿結紮位置過高可導致上瞼下垂，眼睛易疲勞，睜眼費力。

皺襞線寬度一般取 8 毫米，如果皮膚有輕度鬆弛者可取 9 毫米，劃出重瞼的皺襞線後，將此線等分為 3 組或 4 組，每組寬為 3～4 毫米。皮下以 1%利多卡因及適量腎上腺素共約 0.5～1.0 毫升做浸潤麻醉，藥量不宜過多，以免術區腫脹，影響縫合。

將護瞼板放在上瞼下以保護眼球，按皮膚定點進針，穿透瞼板上緣結膜再回轉由同一組另一點出針，縫線不結紮，如此縫完 3 組或 4組後，將每組縫線向上提拉，左右抽動再與皮膚面打結，術後 6～7 天拆線。

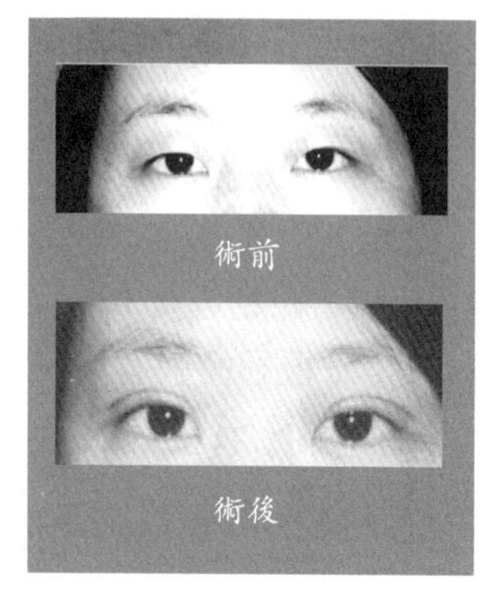

切開法重瞼

（3）切開法

適用於任何類型單瞼。

優點：可以解決上瞼存在的許多問題，如上瞼皮膚鬆弛，睫毛內翻，腫泡眼等等。形成的重瞼穩固、持久、皺襞深。操作時局部解剖結構清晰可見，手術可準確地施行。

缺點：手術比較複雜，需熟悉眼瞼解剖，對施術者要求高，術後上瞼皮膚留有切口痕跡，對疤痕體質者不適用。疤痕早期較明顯（睜眼時看不見，閉眼時才可見），一般 3 個月左右逐漸恢復。術後局部反應重，恢復慢，尤其對於老年受術者，恢復自然期會更長。

皺襞最寬處設計為 6～8 毫米，劃出皺襞線。以 1%利多卡因加適量腎上腺素作上瞼局部浸潤麻醉，每一側用藥量約 1.5～2.0 毫升。沿皺襞線全層切開皮膚，分離切口下皮瓣，剪除一條瞼板前眼輪匝肌，上部剩餘眼輪匝肌邊緣不應高於切口上部皮膚邊緣，以免術後形成「三眼皮」。瞼板上應留有薄薄一層結締組織，如修剪過多以致瞼板暴露，會造成縫合困難，及皮膚與瞼板黏連較緊，術後重瞼形態不自然。

如受術者為腫泡眼，可打開眶隔，輕壓眼球後剪除多餘脂肪，剪除脂肪時不宜過度牽拉，以免脂肪剪除過多造成術後上瞼凹陷。

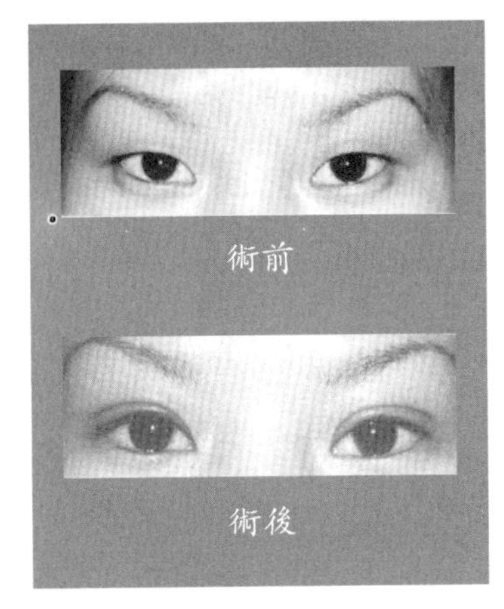

切開法重瞼

縫合時用 5/0 絲線先在上瞼中內 1/3 交界處，即瞼裂最寬處縫合一針，由切口下側皮膚進針，再穿過瞼板上緣下 1 毫米處瞼板前腱膜，然後從切口上側皮緣出針，縫線打一活結，令受術者睜眼，以觀察上瞼皺襞寬度是否適合，切口下側皮膚是否臃腫或張力過大。如此時受術者睫毛微微上翹，切口下側皮膚與瞼板貼合較好，則表示皮膚與瞼板縫合的寬度合適。如寬度合適，再依次縫合，縫合時需依據瞼緣弧度，先不打結，待全部縫合完畢後再打結。

打結後令受術者睜眼，以觀察重瞼寬度、弧度、長度以及是否圓滑，如不理想可及時糾正。雙側上瞼全部完成後觀察受者閉眼時切口線與瞼緣距離形態是否對稱，並令受術者睜眼再觀察雙側重瞼是否對稱。

8 .術後併發症及處理

(1) 感染：

如受術者有嚴重沙眼，術區周圍有皮膚感染灶，術區消毒不嚴，手術時間過長，術後護理不當等均可引起感染。一旦感染，輕者上瞼消腫及切口瘢痕恢復時間較長，重者可致切口產生瘢痕疙瘩。

（2）水腫：

術後水腫是難免的，一般 10～14 天漸消退。術後眼部冷敷 2～3 天，後改用熱敷，可減輕水腫，加快消腫速度。

（3）血腫：

如手術操作粗暴，術中止血不徹底，受術者凝血功能障礙或正值月經期，術後未加壓包紮等均可能引起上瞼皮下血腫。一般較少出血者一週左右可消退，如血腫較大需重新手術清除積血，否則容易導致感染及加長上瞼恢復時間。偶爾可見球結膜淤血，可用可的松和消炎藥水滴眼，10 天左右可消退，不會造成視力障礙。

（4）瘢痕：

切開法術後都留有切口瘢痕，一般 3 個月左右逐漸變軟化，不明顯。增生性瘢痕極為少見，但有瘢痕體質的人需慎做手術。

（5）上瞼凹陷：

由於眶隔內脂肪及眼輪匝肌去除過多所致。

（6）上瞼下垂：

可能由於術前患者有輕度上瞼下垂未檢查出來，或由於術中損傷上瞼提肌腱膜所致。

（7）瞼裂閉合不全：

可能由於皮膚切口與瞼板上緣固定位置過高所致。輕度透過上瞼按摩，隨著時間的推移可逐漸恢復，重者需重新手術。

（8）兩側重瞼形態不對稱：

一般腫脹未消除時可能出現這種情況。如腫脹已完全消除仍不對稱，3～6 個月後可重新修改。

（9）睜眼不適或疼痛：

多發生術後早期，可能由於切口瘢痕疼痛或睜眼時瘢痕與上瞼提肌腱膜牽扯。受術者眼瞼部熱敷、按摩可逐漸緩解。

五、上瞼皮膚鬆弛矯治術

一般人的年齡超過 30 歲，均可能出現不同程度的上瞼皮膚鬆弛，如果平時用眼過度，睡眠差，乾性膚質，未注意眼部護理或先天性原因者，可能出現上瞼皮膚鬆弛的年齡會更早。鬆垂、爬滿皺紋的眼皮，最容易讓人感覺衰老。人的上瞼皮膚鬆弛，採用擦眼霜、按摩等方法均不能使其完全改善，唯有接受上瞼皮膚鬆弛的矯治手術，才能使雙眼再回青春。

上瞼皮膚鬆弛矯治手術的基本手術方法與重瞼術大致相同，主要區別在於手術中需去除一條上瞼皮膚。設計時輕輕撫平上瞼皮膚。但用力不可過大，再按重瞼線設計方法設計第一條切口線。切口線劃好後用小鑷子輕輕夾持切口線及以上皮膚，以睫毛輕輕翹動為度，畫出第二條切口線，切除兩條線之間的皮膚。

一般眼瞼外側皮膚鬆弛下垂程度較內側明顯，因此，外側皮膚去除量較內側多。去除多餘皮膚及部分眼輪匝肌後，縫合方法與一般重瞼術相同。

術後併發症及處理：

（1）水腫：

一般來說，年齡越大者，術後上瞼水腫越明顯，且恢復起來越慢。術後可口服促進消腫的藥物，雙上瞼冷敷2～3天，後改為熱敷，均可促進術區早日消腫。

（2）上瞼皮膚仍顯鬆弛：

這是由於術中去皮量過少所致，3～6個月後可再次手術去除多餘皮膚。

（3）眼瞼外翻：

由於上瞼去皮量過多或縫合點過高所致。輕度瞼外翻給與按摩、熱敷後可漸緩解，嚴重者需早日再次手術。去皮量過多所致的瞼外翻較難矯治。因此，去除多餘皮膚時需遵循「寧少勿多」原則。

其餘併發症與重瞼術後併發症相同。

六、眼袋整復術

由於下瞼皮膚、眼輪匝肌、眶隔膜鬆弛，眶脂脫垂等導致下瞼臃腫，下垂形如袋狀稱為下瞼眼袋。

眼袋多發生於35歲以上中老年人，是面部組織衰老的標誌之一。有些青年人也可發生眼袋，多與遺傳因素有關。下瞼眼袋的出現，給人以衰老憔悴之感，對容貌有極大的影響。

1. 瞼袋分類

根據瞼袋外觀可分為：

(1) 皮膚鬆弛型：

以下瞼皮膚鬆弛為主，皺紋增多，皮膚彈性差，但下瞼無明顯臃腫。

(2) 眶內脂肪脫垂型：

由於下眼瞼皮膚，眼輪匝肌，眶隔鬆弛無力，致眶脂肪脫垂，造成下瞼向外膨隆或成袋狀。

(3) 眼輪匝肌肥厚型：

瞼緣下方橫形條狀隆起，多見於青年人，是由於眼輪匝肌肥厚形成。

瞼袋一旦形成，到目前為止，沒有一種有效的非手術方法能夠消除，皮膚保養、面部按摩等方法只能暫時減緩眼袋的加重，但不能消除眼袋，手術去除眼袋是目前消除眼袋最好、最徹底的方法。

2. 手術方法

眼袋手術一般有兩種切口入路，一種是外切口（皮膚面切口），一種是內切口（結膜面切口）。兩種切口的選擇主要是根據眼袋的類型。

(1) 結膜面切口手術：

適用於無下瞼皮膚和眼輪匝肌鬆弛，僅表現為脂肪突出的年輕人。如皮膚輕度鬆弛，但彈性良好，在本人要求下也可用此方法。

優點：皮膚無切口，組織損傷小。出血少，無瞼外翻、瞼球分離、溢淚、眼瞼閉合不全等後遺症，傷口無需縫合。

缺點：不能去除多餘皮膚，眼輪匝肌、皮膚略鬆弛者在消腫後早期會顯得皺紋較術前明顯，不過皮膚彈性好者，經過一段時間可逐漸恢復。

併發症及處理：

①由於脂肪去除過多致使下瞼凹陷，如凹陷明顯需用自體脂肪充填。

②術中止血不徹底致眶隔內出血，量多時可壓迫視神經，因此，術中止血要徹底。

③切取內側脂肪球時損傷下斜肌造成複視。一旦發生較難處理。

④脂肪去除量過少時術後下瞼仍顯膨隆。一般3個月後可再次手術。

（2）皮膚面切口手術：

適於一切無禁忌症的眼袋矯正，但更適合於下瞼皮膚鬆弛明顯，皮膚彈性差的中老年者。或中、重度眼袋者，及單純眼輪匝肌肥厚而本人迫切要求手術者。

此種手術的優點是可以同時處理鬆弛的下瞼皮膚、眼輪匝肌、眶隔膜以及脫垂的眶脂肪，術後效果可靠。

但術前設計要準確，手術操作技巧要求高，缺點是手術中皮膚的去除量要適度，過少則下瞼仍存留較明顯皺紋，過多則引起下瞼外翻。手術時出血量較多，術後早期遺留較明顯疤痕。

術後併發症及處理：

①溢淚：由於下瞼水腫所致，一般在術後數天，隨局部水腫消退而消失。

②血腫或皮膚淤斑：由於術後下瞼皮下、肌肉，眶隔內出血所致。凝血功能障礙者較易發生。醫師在術中止血應徹底，術後需加壓包紮 2 天，以防止術區出血。皮膚淤斑在術後 10 餘天可逐漸消退，術後兩天以後局部熱敷也可加快消退速度。如下瞼區皮下有巨大血腫需及時到醫院清除、止血，如血腫較大壓迫視神經可引起失明。

③下瞼凹陷：多由於眶隔內脂肪去除過多所致，也有些受術者本身是深凹眼型。如此種情況發生可於手術後 3～6 個月後接受下瞼區脂肪充填術。

④下瞼外翻，瞼球脫離：正常人眼瞼和眼球是貼合在一起的，如眼袋手術中下瞼皮膚或眼輪匝肌去除過多時，輕者造成不同程度的下瞼外翻，重者造成下瞼瞼球脫離，眼瞼閉合不全。這是眼袋手術最常

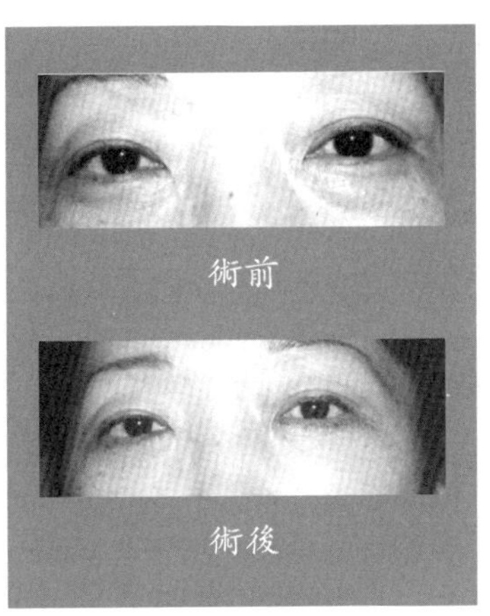

外切口法眼袋整復術

見的併發症。因此在去除下瞼多餘皮膚時，需掌握「寧少勿多」的原則。對於年齡較大，皮膚彈性差的受術者，去皮量更應保守。

術後幾天內發生的輕度下瞼外翻，受術者不必驚慌，這可能是由於下瞼腫脹所致，一般腫脹消除後即可恢復，如自覺眼內不適，可在眼內用一些眼膏，防止角膜乾燥。如術區已完全消腫，但下瞼仍有輕度瞼外翻情況，可做輕微的局部按摩及熱敷。一般數月後可恢復。如為較嚴重的下瞼外翻或熱敷後無緩解者，需重新手術治療。

⑤切口過低，瘢痕明顯，雙側不對稱：一般切口應位於瞼緣下 1～1.5 毫米處，不可過低，否則易造成切口瘢痕明顯。受術者術前雙下瞼皮膚鬆弛程度不同，脂肪脫垂程度不同，手術時雙下瞼去除皮膚量、脂肪量不協調均可能造成手術後雙下瞼不對稱，如出現可於術後3～6 個月重新手術修整。

七、上瞼下垂

兩眼自然睜開平視時，正常人上瞼緣位於角膜上緣和瞳孔上緣之間，遮蓋角膜上方約 2 毫米左右。若因各種原因導致兩眼自然睜開平視時，上瞼緣低於這個位置則稱位上瞼下垂。

提上瞼的肌肉有提上瞼肌和 Muller 氏肌，由於各種先天的或者後天的原因造成這兩種肌肉功能減弱或喪失，即會引起上瞼下垂。

上瞼下垂的存在影響眼部及容貌之美，同時也會影響視力，嚴重者甚至造成患眼失明。

1. 上瞼下垂的診斷

兩眼自然睜開平視時，上瞼緣遮蓋角膜上方超過 2 毫米即可診斷為上瞼下垂。但有些情況需注意，有些人為單瞼或上瞼皮膚鬆弛，平視時上瞼皮膚也可能遮蓋部分瞳孔，此時可用牙籤在患者閉眼時在眼裂中部距上瞼緣約 7 毫米處向上輕壓，再令患者睜眼，此時上瞼形成重瞼皺襞，拿走牙籤，此時患者上瞼緣暴露，再觀察上瞼緣位置，這樣可以更準確地判斷是否存在上瞼下垂。

按上瞼下垂程度還可分為輕、中、重度。

上瞼緣位於瞳孔上緣，其下垂量約 1～2 毫米，稱為輕度上瞼下垂。

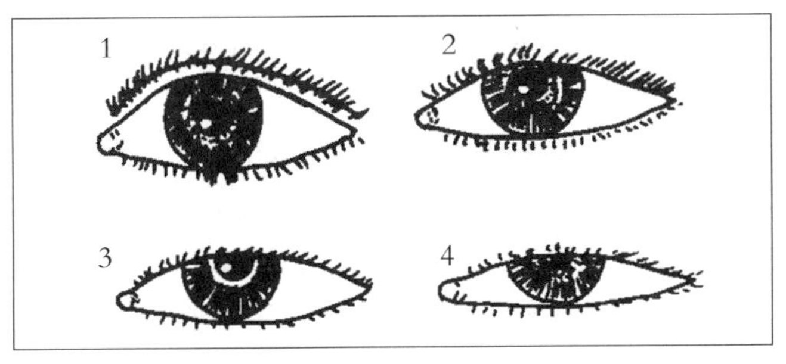

上瞼下垂的診斷

1.正常　2.輕度　3.中度　4.重度

上瞼緣遮蓋瞳孔上 1/3，下垂量約 3～4 毫米，稱為中度上瞼下垂。

上瞼緣下落倒瞳孔中央水平，下垂量約 4 毫米或者大於 4 毫米，稱為重度上瞼下垂。

2. 上瞼下垂的病因

(1) 先天性上瞼下垂：

多由於上瞼提肌發育不全，或支配它的運動神經發育異常，功能不全所致。單側多於雙側。先天性上瞼下垂原則上應及早矯治，早期手術治療可防止兒童弱視。筆者曾見一女性患者，18 歲，重度先天性上瞼下垂並伴有外斜視，現在她患眼僅有光感，目前行上瞼下垂矯治術僅可改善外觀，但對視力已無幫助。如有上瞼下垂，但在咀嚼時上瞼下垂消失，如果青春發育期後下垂仍明顯，才考慮手術治療。

先天性重度上瞼下垂者一般在 3～5 歲以後手術，單側病變，如不伴有其他需提前矯正的畸形，可推遲到入學前手術。中度上瞼下垂者，若視力一般較好，可入學前手術治療，也可早些時候手術。輕度上瞼下垂者。若眼外觀無明顯影響，無視力障礙，手術可等到患者能在局麻下接受手術時給予治療。先天性上瞼下垂伴有眼部其他異常，如伴有內眥贅皮、小瞼裂等，應先開大眼裂，矯正內眥贅皮，以後再矯正上瞼下垂。

(2) 後天性上瞼下垂：

①外傷性上瞼下垂：上瞼的撕裂傷、切割傷、眼瞼手

術或外傷後瘢痕增生、水腫等都可導致上瞼下垂。有的因為組織水腫、肌肉神經損傷僅造成暫時性的上瞼下垂，經過一段時間，往往會自行恢復。如經過半年或1年仍未恢復，且此時上瞼瘢痕已軟化，病情穩定可考慮手術治療。

②神經原性上瞼下垂：因動眼神經病變所致。

③肌原性上瞼下垂：多見於重症肌無力者。常為雙側，也可單側。下垂症狀晨起時很輕或消失，下午症狀逐漸加重，稍休息後又好轉。如果作藥物試驗，可在皮下或肌肉內注射新斯的明 0.5 毫克，15～30 分鐘後下垂好轉，說明存在重症肌無力。

④老年性上瞼下垂：一般為雙側，程度較輕。

⑤機械性上瞼下垂：多為單瞼，由眼瞼本身病變所致。如上瞼腫瘤、重度沙眼等。

全身疾病導致的上瞼下垂，可先治療全身疾病，病情穩定 6～12 個月以後治療上瞼下垂。

外傷性上瞼下垂，瘢痕軟化 3～6 個月後治療。

3. 術前檢查和準備

(1) 眼部常規檢查：

視力、眼位、淚道、結膜、角膜及眼底的檢查，屈光測定。有斜視及角膜病變者應首先治療斜視及角膜病變。

(2) 確定上瞼下垂的病因：

某些患者可做一些特殊檢查：新斯的明試驗，以明確患者是否有重症肌無力；咀嚼下頜運動試驗，以明確或排

除是否為 Marcus-Gunn 綜合徵。

(3)上瞼下垂程度的測定：

測量眼裂的高度；測量上瞼遮蓋瞳孔的程度。

(4)上瞼提肌肌力的測定：

用一手拇指壓住眉毛，以消除額肌提上瞼的作用，令患者向下看，眼前放一毫米尺，零點對準上瞼緣，再囑患者儘量向上看，瞼緣提高的幅度即為上瞼提肌的肌力。正常人在無額肌的參與下為 13～16 毫米，有額肌參與下為 16～19 毫米。肌力分為三級：1～3 毫米為弱，4～7 毫米為中等，8 毫米以上為良好。根據肌力的強弱可選用不同的手術方法。

(5)上直肌功能測定：

醫生囑患者眼球向各個方向轉動，再讓其閉眼，用手指撐開眼瞼，檢查眼球能否向上轉動，如沒有上轉，為缺乏 Bell 現象，則不宜做上瞼下垂矯正手術。如必須手術，則矯正量需保守。

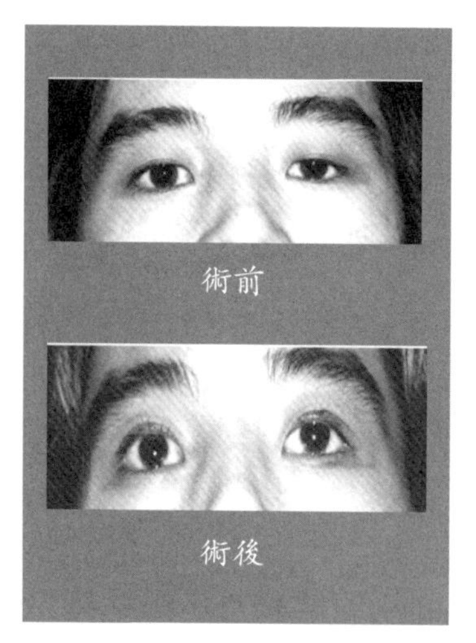

上瞼提肌縮短術

4. 手術方法

手術方法有兩類：第一，縮短或增強提上瞼肌力量的手術，此類手術比較符合生理要求，但如果經驗不足，易發生矯正不足或矯正過度。第二，借用額肌力量的手術，如額肌懸吊術。每一種手術方法都有其適應症，選擇最適合患者的手術方法，才能獲得較滿意的療效並減少併發症。

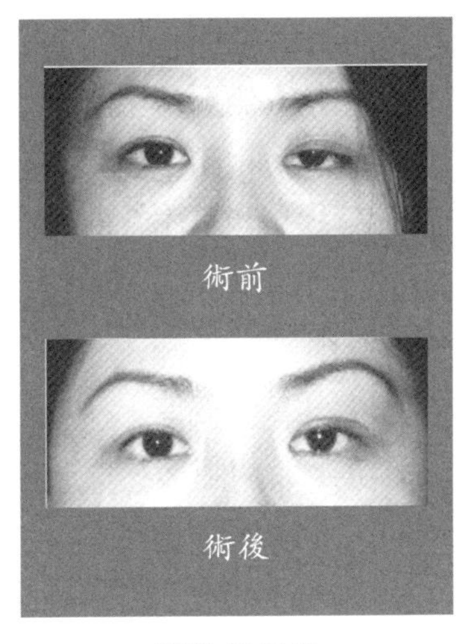

額肌懸吊術

（1）上瞼提肌縮短術：

適用於肌力在 5 毫米以上的先天性、老年性、外傷性或其他類型的中度上瞼下垂者。此術式由提上瞼肌的縮短，來增強上肌提肌力量，比較符合生理要求，術後效果也較好。但如果患者上瞼提肌功能極差或完全無功能者，勉強作大量肌肉切除或折疊，術後往往會造成明顯的瞼裂閉合不全和上瞼退滯現象。

手術的關鍵在於肌肉縮短量的測定。一般每矯正 1 毫米下垂量，需縮短 4～6 毫米以上的提上瞼肌，矯正後患眼瞼緣比正常高 1 毫米。

術後處理：術後兩日換藥，眼內每日塗抗生素眼膏直至眼瞼可完全閉合為止，術後 5 日拆線。

（2）額肌懸吊術

對上瞼提肌肌力小於 4 毫米，下垂量達 4 毫米以上的重度上瞼下垂，上瞼提肌無法利用，只有利用額肌作為上提眼瞼的動力。但對於額肌肌力消失者，此法不能施行。

目前常用額肌瓣懸吊矯正術，此種手術是將額肌下端游離製成額肌瓣並將其下端與瞼板上緣縫合固定，直接利用額肌的收縮達到提上瞼的目的。

手術併發症及處理：

①矯正不足：如發現矯正不足，應於術後 3～6 個月後再行第二次手術。

②矯正過度：上瞼提肌縮短術後 2 週，如發現過矯現象可用力閉眼並按摩上瞼，嚴重者需重新手術。

③瞼裂閉合不全：任何一種上瞼下垂矯正手術，術後早期都有可能出現眼瞼閉合不全，一般 1～3 個月後會逐漸好轉。在這段時間裏，每晚睡前眼內需上眼膏，以免角膜乾燥。如有嚴重的過矯，瞼裂閉合不全大於 5 毫米，須及時處理，以免造成暴露性角膜炎。

④穹隆部結膜脫垂：多見於上瞼提肌縮短術和嚴重下垂病例行額肌懸吊術後。如發現明顯脫垂，可將穹隆部結膜還納後與上瞼皮膚縫合，6 天後拆線。

⑤瞼緣切跡：由於上瞼提肌或額肌與瞼板固定時，其中一針過高所致，因此，縫合完畢後需仔細觀察瞼緣是否圓滑。

⑥瞼外翻：由於上瞼提肌或額肌在瞼板上的附著點過低所致，需重新 固定在瞼板上的附著點。

⑦上瞼部分或全部再次下垂：由於額肌或上瞼提肌與瞼板的附著部分或全部脫落所致。如發生可於術後3～6 個月再次手術矯正。

睞　皺

人過中年以後，人體表面的組織、結構逐漸發生變化。衰老在面部主要表現為皮膚顏色、質地的改變以及皺紋出現。皮膚顏色和質地的改變，可以由化妝來掩飾，面部皺紋的化妝掩飾效果則不理想。面部肌肉張力大引起的動力性皺紋或衰老早期引起的淺表皺紋，可以由鐳射、肉毒桿菌素注射、皮膚磨削術以及化學脫皮術等方法予以矯正，而皮膚過度鬆弛引起的重力性皺紋，只能透過外科手術，切除多餘的皮膚，提緊鬆弛筋膜肌肉來矯正。

除皺術是在 20 世紀初出現的針對皮膚老化的手術，經過 100 多年的發展，經歷了一個由簡到繁，分離平面由淺到深的過程。20 世紀 60 年代，人們運用皮下剝離，單純提緊皮膚來去除皺紋，亦稱作第一代除皺術，這在當時成為流行的安全美容手術，缺點是手術後效果維持的時間比較短。

進入 70 年代，隨著表淺肌肉腱膜系統（SMAS）概念的提出，出現了第二代除皺術，即用表淺肌肉腱膜系統下剝離及懸吊，靠提緊皮膚和表淺肌肉腱膜系統來去除皺紋，使面頰下頜區、頸部等外形得到明顯改善，患者一般較術前年輕 10 歲左右，手術後效果維持 5～10 年，缺點是容易損傷面神經。

近年來，隨著顱面外科的發展，出現了第三代除皺術——骨膜下除皺，即由骨膜下剝離，改變肌肉的起點，靠提緊皮膚、表淺肌肉腱膜系統和肌肉來去除皺紋。其優點是重建面部軟組織與骨骼的關係，使患者更是年輕，手術效果更持久。而毫無疑問的是較廣泛，較深平面的分離要承擔較多併發症的風險以及較長時間的恢復期，且只能用於面部上 2/3 的除皺，對下 1/3 無效。

一、產生皺紋的原因

皮膚老化是人體老化的外部表現，主要病理改變是皮膚變薄，彈性降低，皮膚乾燥，皮下組織萎縮，深層軟組織結構鬆弛下垂，另外也有肌肉及其附著結構進行性萎縮等。皮膚中有叫真皮膠原纖維和真皮彈力纖維的物質，當皮膚老化時，真皮膠原纖維合成減少，彈力纖維變性，引起皮膚皺紋、鬆弛及下垂。皮膚的老化與年齡、紫外線的照射、機體的營養代謝有關。維生素 A、C、E 和硒元素有抗衰老作用，若缺乏上述成分，則會影響正常代謝，自然會加速皮膚老化。另外，情緒變化如憂愁過度能加速皮膚老化；較強烈，頻繁的表情肌收縮易出現面頸部皺紋；肥胖的人突然消瘦易導致皮膚鬆垂；吸菸者面部皮膚皺紋的發生與增加程度是非吸菸者的 5倍。

面頸部皺紋分類如下：

(1) 自然性皺紋：

又稱體位性皺紋，多位於頸部，是橫向弧形，與生理性皮紋一致。自然性皺紋與皮下脂肪堆積有關，隨年齡增大，皺紋加深，紋間皮膚鬆垂。

(2) 動力性皺紋：

因表情肌長期收縮所致。額肌收縮產生額橫紋，在青年時即可出現。魚尾紋是由於眼輪匝肌肉收縮作用引起，也稱笑紋，某些女性 20 歲時已開始出現魚尾紋；可能與多笑有關。眉間垂直皺紋是皺眉肌的作用。鼻根部橫紋是降眉肌的作用。口輪匝肌收縮產生口周的細密縱向皺紋，多在 40～50 歲時出現。

（3）重力性皺紋：

即在皮膚及其深面軟組織鬆弛的基礎上，由於重力的作用，面形呈皺襞和皺紋。多分佈在眶周、顴弓、下頜後和頸部。上瞼皮膚鬆弛形成細密皺紋，嚴重者下垂形成三角眼，甚至影響視力。頸部皮膚，皮下和頸闊肌鬆弛，形成「火雞頸」。

（4）混合性皺紋：

由多種原因引起，機制較複雜，如鼻唇溝處的皺紋、口周皺紋可由多種因素所致。

二、額部除皺

額部主要有兩種皺紋：橫向的皺紋與額肌有關，眉間縱向皺紋與皺眉肌有關。額肌發達的年輕患者可能只是額部皺紋明顯，而其他部位皺紋不明顯，這類患者，為額部除皺術的最佳手術適應症。

1. 手術前準備

（1）手術前 3 天，每天用 1：5000 的苯紮溴胺（新潔而減）溶液洗頭一次。

（2）在距額髮際線 4～5 公分範圍內，在冠狀位去除 2～3 公分寬 頭髮，兩側至耳根，將切口兩側的頭髮紮成小辮，用髮夾固定。

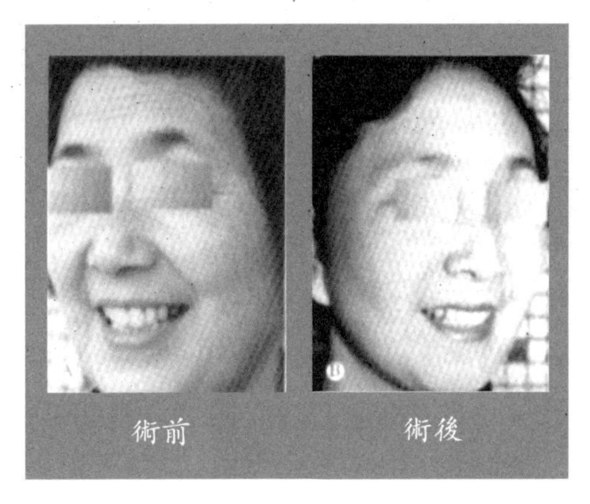

術前　術後

2. 手術前設計

（1）額部切口的設計：可選擇髮際內切口，也可選擇髮際線切口。髮際內切口的優點是瘢痕位於髮際內，不外露，缺點是手術後前額變化大，該切口不適用前額過高的患者。髮際線切口的優點是手術操作方便，可以改變原有髮際線的位置，缺點是重建的髮際線不流暢，疤痕外露。設計切口時，醫生應向患者說明兩種切口的優缺點，患者自己選擇。

（2）標記額肌切除的位置和範圍，一段選擇額紋明顯的部位。額肌去除的寬度以 1 公分左右為宜，兩側不要超過眉毛中點。

（3）標記皺眉肌離斷的位置：在眉頭與眉間皺紋之間標記皺眉肌離斷的範圍，由於受手術切口的限制，額瓣難以翻轉，在直視上切除皺眉肌困難，故只將其縱向離斷即可。

3. 手術操作

（1）局部浸潤麻醉後，沿手術到設計的切口線，順毛髮生長方向切開皮膚及帽狀腱膜。用頭皮夾止血。

（2）在帽狀腱膜下或額肌下用手術刀柄鈍性剝離至眉上 1 公分眉間至鼻根處；在額顳交界處應分離至眉上 2～3 公分。

（3）將額瓣翻轉，觀察眶上神經的走行，按手術前設計的額肌切除部位，在眶上神經的兩側及中間分三段切除一條寬 1 公分的額肌。

（4）額肌切除後，將額肌瓣復位，將手術刀伸到標記的皺眉肌處，離斷皺眉肌，由於不在直視下，切開時用力宜輕柔，以防割傷皮膚。離斷的程度以患者不能產生皺眉動作為度。

（5）將皮瓣向後上牽掛展平額瓣皺紋，觀察皮膚的多餘量，在與額瓣正中相對處做一小切口將肌皮瓣定點縫合一針，再在眉峰對應處縫合一針，切除三點之間的頭皮，用 1 號絲線間斷縫合。

4. 手術後處理

（1）加壓包紮 3 天。

（2）常規滴注抗生素 3～5 天。

（3）術後 7～9 天拆線。

三、除魚尾紋

魚尾紋是面部最早出現皺紋，它的產生除了與眼輪匝肌的收縮有關外，還與外眥處皮膚失去彈性，變鬆弛有關。單純魚尾紋去除術主要適用於其他部位皺紋不明顯者。

1. 手術前準備

（1）修剪眉毛，使兩側對稱。

（2）在雙側顳部距髮際線 3～4 公分處各剪除一條寬 2～3 公分寬的頭髮，其他準備同額部除皺術。

2. 手術前設計

（1）患者取坐位，手術者將手指放在患者顳部外上方推動皮膚，選擇一最佳點，使患者的眉尾稍上提，展平外眥處皺紋，用箭頭標記該點提緊方向。

（2）既可選擇髮際再切口，也可選擇髮際線切口。髮際內切口的優點，是瘢痕不外露，缺點是術後患者的鬢角變小。髮際線切口的優點是保留鬢角的正常外形，缺點是瘢痕外

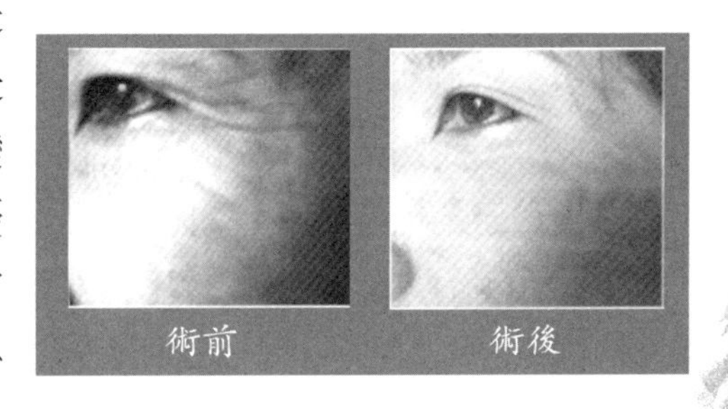
術前　術後

露。

（3）標記魚尾紋最明顯的部位。

（4）標記完成後，觀察兩邊的手術設計是否一致。

3. 手術操作

（1）局部浸潤麻醉後，用手術刀順毛髮的生長方向，沿術前設計的切口切開頭皮，邊切開邊用頭皮夾止血，在耳前可採用壓迫止血。

（2）緊貼皮下毛囊用手術刀銳性分開皮膚與顳淺筋膜，向前游離至眶緣，顯露出眼輪匝肌邊緣，分離時，不要損傷毛囊，以防引起手術後禿髮。

（3）眼輪匝肌的處理：主要有以下兩種方法：

①眼輪匝肌肥厚者，可將魚尾紋明顯部位的皮膚與眼輪壓肌分離，用剪刀在外眥處剪開眼輪壓肌，將切口兩邊的眼輪匝肌向外上方縫合固定在顳淺筋膜上，懸吊的程度以眼睛美觀，不變形為度。

②眼輪匝肌較薄者，游離出眼輪匝肌的外側邊緣，將其呈放射狀向外牽拉縫合3～5針，固定在顳淺筋膜上，注意不要縫合過深，以免縫紮到深面的面神經顳支。

（4）兩側眼輪匝肌固定後，待兩側皮瓣各向後上方提緊，展平顳部皺紋，按手術前標記的箭頭方向提緊切口處皮膚，在皮瓣上剪開一小口，定點縫合一針、將顳部皮膚在水平方向展平後，在耳上基點處定點縫合固定一針。定點縫合時，應保持兩邊眼睛對稱一致。

（5）剪除定點之間多餘的皮膚，縫合切口。一邊放置一根引流條，加壓包紮。

4. 手術後處理

（1）加壓包紮 3 天。
（2）手術後 2～3 天拔除引流條。
（3）常規靜脈滴注抗生素 3～5 天。
（4）手術後 7～9 天拆線。

四、額顳部除皺

人到中年，皮膚老化逐漸加快，上瞼皮膚鬆弛下垂，使眼睛成為三角眼，外眥角的魚尾紋逐漸加深，額部皺紋逐漸明顯且出現眉毛下垂。該類患者，單靠額部除皺術或魚尾紋去除術，都不能圓滿解決衰老問題，需要以上兩種手術聯合，也就是用額顳部除皺術，才能達到最佳效果。

1. 手術前準備

（1）修剪眉毛，使兩側完全對稱。
（2）其餘處理同額部除皺術。

2. 手術前設計

（1）標記額部肌肉切除的範圍，同額部除皺術。
（2）在兩側顳部，標記提緊方向，同魚尾紋除皺術。

（3）在髮際內標記冠狀的切口線，兩側至耳上基點，切口線應畫成兩邊對稱的曲線。以防手術後瘢痕收縮，使患者有戴髮夾的感覺。在耳前應自耳上基點沿耳輪腳畫至耳屏的上方。

3. 手術操作

（1）選擇局部浸潤麻醉或全麻。

（2）沿手術設計切口，切開頭皮及帽狀腱膜，在顳部只切開頭皮至顳淺筋膜。邊切邊用頭皮夾止血。

（3）首先在顳部皮下剝離至眶緣，然後切開顳淺筋膜至顳深筋膜，將顳淺筋膜與額部帽狀腱膜和額肌一起分離，在額部，應在帽狀腱膜下鈍性剝離至眉上 1 公分，在眉間應游離至鼻根處。在額肌與顳淺筋膜交界處，游離至眉上 2～3 公分，不要過度向前分離，以免損傷面神經顳支。

（4）皮瓣游離完成後，將額瓣向下翻轉，顯露出額肌，在額縱紋明顯處，切除直徑約 1 公分範圍的皺眉肌，由於皺眉肌與額肌界限不清，在切除皺眉肌時，只要將肌肉深面削掉一層即可，不要將皮下的肌肉完全切掉，以防手術後局部出現凹陷。

（5）在額瓣正中及兩側顳瓣各選擇一個點用血管鉗鉗夾後，將額皮瓣向上、向後牽掛 ，使皮瓣與額貼緊。調整兩側顳部，使眉毛位置合適，兩邊對稱，形狀與患者的眼型相協調。由於顳部皮瓣在這兩點處張力最大，故先在此剪開皮瓣，定點縫合。然後再在額瓣正中剪開，定點縫合1針。縫合該針時，以展平皺紋為原則，不要將皮瓣過度提緊，以防眉頭過高，形成「八字」眉，影響美觀。

（6）將兩外眥處皮膚向後牽拉，展平外眥皺紋，在耳上基點處剪開皮瓣，定點縫合1針。

（7）剪除上述5點之間多餘皮瓣，全層間斷縫合切口，在額瓣及兩側顳部各放置一根引流條，加壓包紮。手術後處理同顳部除皺術。

五、面頸部除皺

面部衰老在面下部主要表現為面頰部皮膚鬆弛，鼻唇溝加深加寬，上唇變薄變長。頸部衰老主要表現為頷部皮膚鬆弛，額頸角變鈍，火雞頸樣改變。 面頸部除皺術對頸部除皺效果較好，對面頰部皮膚鬆弛也有較好效果，對鼻唇溝矯正效果稍差，對上唇幾乎無作用。

1. 手術前設計

（1）自耳上1公分，經耳上基點沿耳輪腳向下，經過耳屏至耳垂，繞過耳垂沿耳後皺襞向上，至耳中下1/3處，轉向乳突橫行入髮際內3公分。

（2）向外上方推患者面頰部皮膚，展平鼻唇溝皺紋，箭頭標記用力方向，根據耳前皮膚的鬆弛程度，估計需切除的範圍，在切口標記線的前方畫出與切口線平行的去皮線。

2. 手術操作

（1）一般選擇局浸潤麻醉，在耳前沿手術前設計的切口線和去皮線切開，然後在表淺肌肉腱膜系統表面向前游離皮瓣。在顴弓上方，向前游離至眼輪匝肌的邊緣；在顴弓下方，向前游離至顴大肌的外緣，向前下至鼻唇溝。如果鼻唇溝明顯，分離範圍應超過鼻唇溝。

（2）面部游離完成後，用濕紗布填塞以壓迫止血。然後切開耳後標記的切口線，在皮下沿胸鎖乳突肌的表面向前下游離皮瓣。

（3）皮瓣游離完成後，在耳垂前 0.5 公分和做平行耳前切口縱切口，切前表淺肌肉腱膜系統，在腮腺筋膜的表面向前游離至腮腺邊緣，如果表面有頸闊肌纖維，應以頸闊肌為標誌，緊貼頸闊肌銳性分離。表淺肌肉腱膜系統在面部分離的範圍：向前至咬肌的前緣，向下至頜下頸區的上部，向上至顴弓下 1 公分。面部表淺肌肉腱膜系統游離完成後，將表淺肌肉腱膜系統向外上方牽拉提緊，將其縫合固定在耳前殘留的表淺肌肉腱膜系統上。

（4）如表淺肌肉腱膜系統鬆弛不明顯，可將其折疊縫合 2～3 針，以提緊表淺肌肉腱膜系統。

（5）分離固定完成後，徹底止血，將皮瓣均勻用力向外上方牽拉，展平兩側鼻唇溝皺紋及頸部皺紋，使兩口角對稱，在耳上基點及耳後乳突處各縫合固定一針。剪開耳垂處皮瓣，使耳垂與皮瓣無張力縫合。切除耳前及耳後多餘皮瓣，縫合。在耳前、耳後各放置一根引流條，加壓包紮。

3. 手術後處理

同顳部除皺術。

六、術後併發症及其防治

面部除皺手術的特點是操作複雜，創傷大，耗費時間長，手術者也比較緊張和勞累，併發症也相對較多，臨床上常見的併發症主要有以下幾種：

1. 血腫及皮下瘀斑

較常見。局部出血多，形成血腫；出血較少，形成皮下瘀斑。

（1）發生原因：

①手術中止血不徹底。 面部血供豐富，手術本身出血較多，操作時不能在直視下進行止血。

②手術後未進行有效的加壓包紮，對於底部有骨骼支撐的創面，加壓包紮比較有效。對面頰部，特別是鼻唇溝附近，手術後往往難以實施有效的加壓包紮而出血。另外，進食飲水導致創面之間滑動或分離，引起繼發出血。

③長期服用抗凝藥和的冠心病患者，術前未停用抗凝藥。

（2）防治措施：主要針對上述原因處理。

①冠心病患者術前 4 週停用阿司匹林。

②女性患者選擇手術時應避開月經期。

③手術中嚴格掌握剝離層次，避免損傷較粗的血管，減少發和血腫的可能性。

④手術後加壓要均勻有效。

⑤較大的血腫，可行穿刺抽吸；較小的血腫可待其自然吸收。

2. 面神經癱瘓

面神經癱瘓是除皺手術的嚴重併發症，表現為口、眼歪斜，嚴重影響面部外觀。

（1）發生原因：

①與手術者對面部解剖、面神經走行不熟悉，手術中剝離層次過深有關。

②與手術中誤紮面神經有關。在創面結紮止血時，如果鉗夾的組織過多，可能誤紮面神經，引起面部表情癱瘓。

（2）防治措施：

①手術者在手術前應溫習面部的解剖學及面部剝離的層次，以防手術中層次剝離錯誤。

②剝離表淺肌肉腱膜系統瓣時，應特別小心，不能剝離過深，如果手術者操作不熟練，就不要在表淺肌肉腱膜系統下剝離，只將表淺肌肉腱膜系統在耳前折疊縫合幾針即可。

③若手術中發現面神經損傷，應將面神經斷端用無創傷線吻合。

④如手術後出現面神經癱瘓，應給予營養神經的藥物，如 VITB1 、VITB12，對於藥物治療無效的面癱患者，應行面部靜態筋膜懸吊術。

3. 皮膚壞死

主要發生於切口邊緣。

(1) 發生原因：

①皮瓣分離過薄，在皮下分離時，應緊貼表淺肌肉腱膜系統表面進行分離，分離過淺，可損傷真皮下血管網，引起皮瓣遠端血供障礙。

②皮瓣切除過多，導致切口張力過大。

③手術後皮下血腫處理不及時，引起局部皮瓣張力過大，也可致皮瓣遠端血供障礙。

(2) 防治措施：

①剝離皮瓣時，應緊貼表淺肌肉腱膜系統的表面剝離，儘量不要在脂肪內分離，以防皮瓣過薄，引起遠端血供障礙。

②有些皺紋的產生與皮膚關係不大，過度提緊皮膚無助於去除皺紋。因此，操作時不要過度提緊皮瓣，只將皮瓣展平即可。

③手術後及時處理血腫等併發症。

④皮膚壞死後，在耳前及耳後及時去除壞死組織，行

皮片移植，髮際內可行局部皮瓣轉移修復。

4. 禿髮

主要發生在顳部和頭皮冠狀切口處。

（1）發生原因：

①顳部分離過淺，在顳部除皺只能在皮下剝離，毛囊很容易受損引起脫髮。

②切開頭皮時，沒有按毛髮的生長方向切開。毛髮並非垂直於皮膚，而是有一定的傾斜度，如果切開時刀刃垂直於皮膚就地切斷毛髮，毛囊失去後毛髮就會脫落。

（2）防治措施：

①切開頭皮時，應按毛髮生長方向切開。

②分離顳部皮瓣時，應將頭皮提起，刀刃偏向表淺肌肉腱膜系統分離，這樣就不會損毛囊。

③如果手術後發生禿髮，在顳部，應行局部皮瓣轉移，在切口處，於手術後 3 個月將其切除，縫合。

5. 切口瘢痕增生

常發生於耳前及耳後部位。

（1）發生原因：

與切口縫合張力過大有關。

（2）防治措施：

①縫合切口時，應先將耳後及耳上基點處皮膚提緊，使耳前及耳垂處切口應張力縫合。

②如果手術後切口有增生的跡象，可局部塗抹治療瘢痕的藥物。

③對明顯凸起的瘢痕可先手術切除，再局部注射康寧克通 A、以防瘢痕再次增生。

6. 感覺異常

主要表現為頭皮麻木、搔癢、耳廓後部感覺遲鈍或麻木。

（1）發生原因：

①頭皮麻木、搔癢主要與手術中損傷眶上神經分支有關。

②耳部麻木主要由耳頭大神經受損所致。

（2）防治措施：

①剝離耳後皮瓣時，應緊貼皮膚進行銳性分離，避免分離過深。耳大神經較粗，很容易找到，切斷後，應將其吻合。

②切除額肌時，先看清眶上神經的走行，然後在眶上神經之間與兩側分別切除部分額肌。

③如果手術後出現頭皮麻木，給予營養神經的藥物，以促進神經恢復。

7. 切口感染

較少見。局部表現為紅、腫、熱、痛等炎症反應，全身表現為發熱及白細胞增多。

（1）發生原因：

主要與手術中無菌操作不嚴格有關。由於大多數女性在手術前都不願意清理頭髮，而手術中頭髮又暴露在手術野內，如果不注意無菌操作，就會污染手術野，引起感染。

（2）防治措施：

①手術所讓患者用新潔爾滅清洗頭髮，消毒時再用消毒液沖洗頭髮，手術中嚴格無菌操作。

②手術後預防性應用抗生素。

③如果手術後患者體溫超過 38.5℃，在排除其他原因後，應考慮切口感染，及時採用抗感染措施。

④如切口處出現炎性積液，應及時拆除部分縫線，進行引流。

七、非手術除皺

對於許多面部皮膚老化，皺紋越來越多的患者來說，儘管會想到以整形手術來消除歲月在面部刻下的痕跡，可是又對手術的大動干戈心存恐懼，且恢復起來也需要一定的時間，近年來興起的注射式除皺法，給這樣的患者帶來了福音。

1. 愛貝芙注射除皺

愛貝芙（Artecoll）是一種新型的可注射醫學整形美容材料，它包含兩種安全的類生物成分 P 毫米 A 微球和膠原蛋白，注射進入需除皺的部位後，其膠原蛋白即刻發揮作用，皺紋立即消失。1～3 個月後，愛貝芙另一主要成分 P 毫米 A 刺激自身膠原蛋白增生，使除皺效果更為明顯。這種除皺方式安全、快速簡單、無痛苦，一次除皺 3～5 分鐘，如平時打注射針一樣，大多數人通常只需注射一次即可達到滿意的效果，深受愛美人士的青睞。

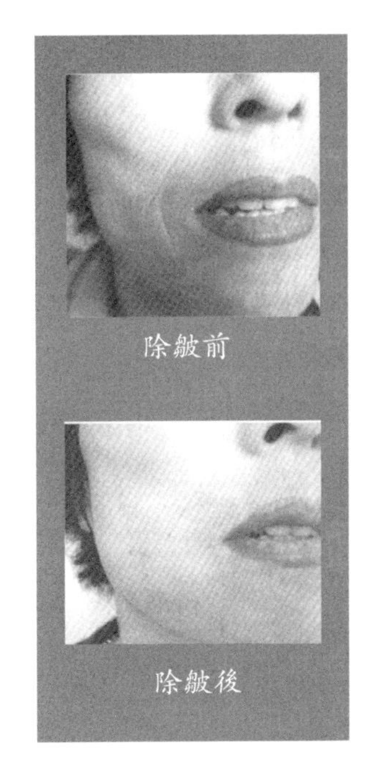

除皺前

除皺後

愛貝芙由前德國整形協會主席，國際著名整形外科專家，醫學博士 Gottfriel Lemperle 經十幾年研究實驗，於 1996 年獲歐盟 CE 證書。

2002 年獲准進入中國。在歐美國家，長達 14 年的人體應用，多達 30 萬人的臨床效果驗證，愛貝芙有永久除皺的效果，並且安全，至今無嚴重副作用的報導。在中國應用亦有三年之久，臨床效果令人滿意。

注射方法：以 75%酒精消毒面頸部，標記需去皺部位（如前額皺紋、眉間皺紋、眼角魚尾紋、鼻唇溝皺折頸部皺紋等），以愛貝芙產品特製的注射器（容量為 1 毫升），在一條較深的皺紋處選擇 4—5 個注射點，每個點注射量為 0.2 毫升，將藥液注入皮膚的真皮層。一次注射量不超過 2 毫升。

愛貝芙產品價格稍昂貴，令不少人問價而卻步，此為美中不足之處。

2. A型肉毒素注射除皺

肉毒毒素（Botlinum toxin.BT）是由革蘭氏陽性、產孢、厭氧性肉毒桿菌產生的毒素，可以分為 8 個血清型：A、B、C1、C2、D、E、F、G。其中以 A 型毒素（BTXA）毒力最強，早期生產出的肉毒素應用於臨床，主要治療 12 歲以上的眼瞼痙攣、面肌痙攣。2002年 4 月被批准用於治療面部皺紋。

自從 A 型肉毒素以美容產品出現以來，因對治療面部動力性皺紋如魚尾紋、額橫紋、下眼瞼和上唇紋，頰紋和頸帶狀皺紋等均有著安全、立竿見影之療效，尤其是對於消除眉間皺紋的作用與手術提眉一致，故被為數眾多的求美者所接受。

BTXA 注射除皺法最大的優點是起效快，安全、痛苦小，但維持時間較短，眉間紋 1～2 週後明顯改善，有效時間為 8 週，12 週恢復到治療前，魚尾紋注射後 1 週獲效，12 週恢復到治療前，額橫紋、鼻唇溝紋、頸紋注射後 1～2 週獲明顯改善，12 週時恢復到治療前。治療效果與患者的年齡亦有一定關係，年齡越大，達到理想效果的劑量越大，有時需要注射一次或兩次以上才能發揮作用，而且一旦起效就需要增加注射劑量來維持效果，否則可能達不到預期效果或效果很快消失。

3. 人胎素醫學美容抗衰法

人胚胎含有人體全部的原始生命元素，其蛋白質分子結構與人體完全相同，可100%直接融合於人體，其活體細胞在醫學方面的價值最高，效果也最好。

1912年，瑞士科學家由實驗發現，如果將人胎盤中的所有原始生命元素活性提取，並注射到人體內，則人體老化的組織器官和細胞會重新初始化生長發育。這項偉大的發現使瑞士科學家贏得諾貝爾醫學獎的桂冠。

醫學美容專用型人胎素製品針劑正是根據這一發現，而從人體胎盤中提取富含8000多種人體生命物質，針對人體衰老的內因，全面徹底治療衰老疾病，強力抗衰老。1992年，人胎盤製品得到了普及運用，並成為世界上最昂貴的抗衰老藥物之一。因為功效神奇，接受這種「返老還童」式抗衰老療法的名流比比皆是，柴契爾夫人、戴高樂總統、戴安娜王妃、蘇菲亞羅蘭、林青霞等均是「天價人胎素」的受益者。

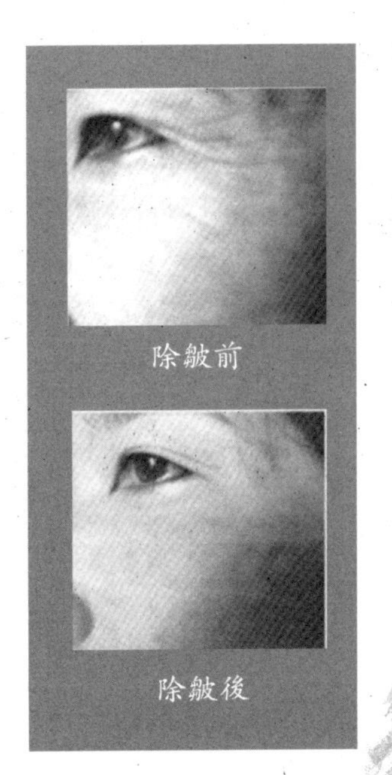
除皺前
除皺後

(1) 人胎素適合人群

人胎素最適合30歲以上的人群注射，男女均可，對25歲以下的年輕人沒有特別明顯的效果（工作繁忙、身心壓力沉重、體質虛弱、免疫力低下的年輕人除外）。進入 25 歲以後，人體荷爾蒙分泌處於下滑期，機體整體生理功能開始逐步衰退，大多表現為輕度早衰，此時應側重保養，中年人機體整體生理功能開始全面衰退，大多表現為中度早衰。中老年人的生理功能則急劇退化，表現為嚴重衰老。因此，對渴望青春長駐的女士，若想保持 25 歲的年輕狀態，延緩生理衰老，注射人胎素的年齡越早越好。經常感到疲乏或體質虛弱的中年人，慢性免疫力低下者，也建議注射人胎素，年齡越大，注射後效果越明顯。

（2）注射人胎素適應症：

有以下症狀者均可注射人胎素：面色晦暗、枯黃、色斑、多皺紋、皮膚粗糙、鬆馳、彈性差、光澤差、健忘、睡眠不好、脫髮、疲乏、眩暈、頭痛、體力衰退、情緒低落、關節疼痛、風濕腰肌勞損、骨質疏鬆、內分泌失調、身體肥胖、更年期綜合症、早衰、老年性癡呆、夜尿頻多、前列腺增生等。

（3）注射人胎素的安全性：

人胎素已經生產了20 多年，是一個非常成熟的產品，採用國家《中國生物製品規程》和國際 GMP 標準生產出的精純而安全的藥理學產品，不含任何對人體有害和人體不能接受的物質，所用人體胎盤原料均取自健康產婦，胎盤娩出後，置於無菌容器內立即冷藏。然後進行 B 肝表面抗原、梅毒、愛滋病抗體等項檢測，陰性者方可投入生產，從而保證了用藥安全。

（4）直接食用人胎盤效果不好：

近幾年來，隨著人胎盤美容熱的升溫，許多人高價收購胎盤，經過烹調燒煮，直接食用，其實，從現代醫學的角度來看，這是非常不可取的。因為在烹調燒煮的過程中，人胎盤所含的營養成分大部分（如白蛋白、球蛋白、活性酶等）都會失去生理活性，被破壞。而剩下的營養成分通過口服，須經腸胃系統消化，其吸收率不高。這樣，最終到達人體的營養成分很少，根本不能補充人體所需的全部後天生命營養。再說直接食用的人胎盤未經專業的病毒、梅毒、愛滋病抗體等安全檢測，無法保證胎盤安全。

人胎素醫學美容專用注射針劑是採用100%新鮮人體胎盤，利用現代生物技術，經酶化工程精製而成。在原始地保留了新鮮人體健康胎盤中的全部營養成分的同時，激活了人體胎盤中多種有益的活性物質，如抗衰老因子，多種免疫因子、活細胞分化因子和生長因子、氨基酸、維生素、微量元素、免疫球蛋白及多種活性酶，可營養活化人體細胞，促進細胞新陳代謝，是增強體質、補充能量，提高免疫力，修復受損基因（器官），提高生理機能、美容養生的高級天然營養劑。

（5）用法及用量：

採取肌肉注射，一般可每日或隔日注射1次，每次1～2毫升，24支為一療程，每療程相隔一週（或遵醫囑）。

Beaut

面部輪廓改形術

這裏所指的面部輪廓，實際上就是人們常說的臉型，面部輪廓形狀除與面部脂肪發育狀況有關外，主要決定於顱骨中的額骨、頂骨、顳骨和面骨中的上、下頜骨，顴骨和鼻骨。這些形狀各異的顱面骨互相排列和連接就構成了千差萬別的各種面型。在這些顱面部骨塊中，其中上頜骨和下頜骨的發育和形態對面部輪廓形態影響最大，是決定面部輪廓外形的基礎。美容整形醫師們給患者做面部輪廓改形術時，主要在下頜骨、上頜骨、顴骨這幾塊面部骨骼上做文章。

目前臨床上醫師們用於面部輪廓改形的手術方法一般有這麼幾種：下頜角肥大整形術、顴骨突出整形術、隆頦術、尖面型改型術。

一、 面部輪廓的美學標準

面部輪廓外形主要取決於各塊顱面骨的形態及構成，但這些顱面骨自身並無美感可言，而且讓人感覺很恐怖，其美感是由表面的軟組織外形透射出來，因此，面部顱骨的美學標準也就是指一個人的面型與面貌美學標準，人們對面部顱骨的改造也是根據手術後面型與面貌的改變是否符合美學標準。

1. 整體觀

（1）面部屬於中面型，男性以方形臉，或國字臉為美，女性以卵圓形臉或甲字臉為美。

（2）符合面部平面線，鼻根點、前鼻山棘和頦點在同一直線上。

（3）符合 Ricketts 美學平面，即下唇紅前緣位於鼻尖點與頦下點連線上。

2. 局部觀

額面微向前突，表面光滑，髮際線清晰流暢，額部上庭等於或略小於中、下庭。男性的額面略向後傾，以方額為美，女性的額面較直立，以圓額或富士額為美。

在實際生活中，受先天因素和後天因素影響，完全符合美學標準的面型和面貌是不存在的，人們總是存在這樣或那樣的缺陷。

但自古以來，卵圓形面型（瓜子臉或鴨蛋臉）襯托相稱的五官，是被公認的最理想的美人胚子，因為這種面型不僅比例協調，符合曲線美，而且具有輪廓對稱，線條分明的自然美特徵，容易化妝，無需特別打扮就很美，因此一般公認東方女性的卵圓形面型是美容醫生進行整形、美容師化妝矯正的藍本。

研究面型的美學專家們用不同的方法對各種面型進行分類，其中形態觀察法將面型分為 10 種，即：橢圓形、卵圓形、倒卵圓形、圓形、方形、長方形、菱形、梯形、倒梯形、五角形。字型分型法將面型分為 8 種。它是根據漢字字型將面型分型的一種方法。「田」字型：面型偏方、

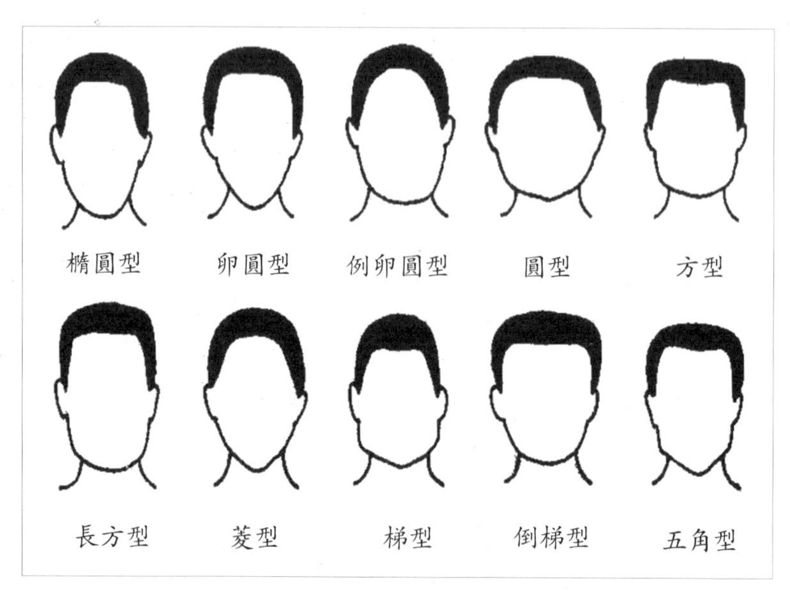

Poch 氏面型分類

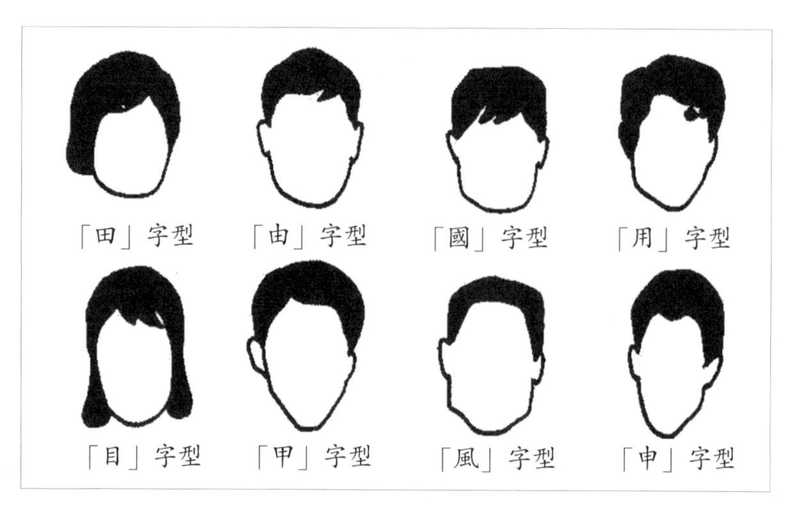

漢字字形面型

面短；「由」字型：上削下方；「國」字型：方而短；「用」字型：額方頷寬扁；「目」字型：面孔長而寬，「甲」字型：上方下削，「風」字型：腮大額圓寬；「申」字型：上削下尖。

以上各類面型的出現率在性別、地域、種族間都有差別。

在不同的年齡，面型會有不同的變化，兒童時期，面容的「細部」即眉、眼、鼻、口等基本集中在面容的下半部，額頭相對顯長，表現出一種幼稚面型，隨著年齡的增長，「細部」相應上移，面容也逐漸顯現成熟感。

二、手術適應症及禁忌症

一般來說人們在滿 18 歲以後，下頷骨發育已經完成，男性下頷角過於肥大，形成梯形臉，女性下頷角肥大形成方形臉或梯形臉，影響美觀，都可以考慮接受下頷角肥大整形術。如有患者顴骨顴突過於突出，面部曲線美感較差，或顴弓過於突出形成菱形臉，可考慮接受顴骨突出整形術。對於頦部輕度後縮，咬合關係基本正常者，可考慮施行隆頦術。但如頦部後縮嚴重，咬頷關係不正常，原則上應先作其他正頷手術，調整咬頷關係後再進行隆頦術。

如患者不願接受正頷手術，也可進行隆頦術，術後頦部外形也能得到明顯的改善，但相對於咬合關係正常的患者效果要差一些。

這裏強調做此手術的年齡為 18 歲以後，是因為如果在 18 歲以前施行這類手術可能會影響頜骨的發育，甚至有可能導致新的頜骨畸形。

另外，有些情況下，病人有接受手術的適應症並有主觀的要求，但這些患者同時又患有其他一些疾病，則不宜手術或應推遲手術。如高血壓、過敏體質、瘢痕體質、心肝腎功能不良、出血性疾病、嚴重的痤瘡癤腫、妊娠期、月經期、產褥期、精神病史或是頜面局部的一些病變。

受術者的心理因素也是十分重要。如果有患者以某電影明星照片為心中偶像，要求醫生以照片上的臉型為標準照本炮製，這樣的病人最好不要接受手術或暫緩手術，醫生是人不是神，目前的醫學科學水準還沒有達到這樣高的程度。又如有的病人本人對美容的要求並不強烈，只是在別人勸說下前來就診，求醫的動機是外在的。

還有些病人對面型輕微的畸形看得過分嚴重，或是由於情緒上的原因或生活中受到挫折，突然決定要做手術，或者把生活中的逆境歸咎於自己的面容等，類似的精神問題都應該暫緩或推遲手術。

三、手術前準備

術前準備是多方面，接受隆頦術的病人，醫生首先要為其選擇假體並進行雕刻。目前常用的填充物有矽橡膠、膨體聚四氟乙烯、自體骨和異體骨。矽膠假體的優點是價格低廉，容易雕刻，在臨床上最常用。如頦部後縮嚴重，要使側面符合 Ricketts 美學平面，假體需要雕刻得比較大，手術後假體容易發生排異脫出，因此，矽膠假體不適合於下頜嚴重後縮的患者。膨體聚四氟乙烯的缺點是價格高，優點是重量輕，能與周圍組織癒合，排異發生率低，特別適合於頦部嚴重後縮的患者，自體骨隆頦雖然不存在排異，但需要另外手術取骨，增加患者的痛苦，令人難以接受。另外，填充的骨骼很難按手術設計進行雕刻，手術效果往往不是很理想，因此臨床上已很少用。異體下頜骨雖然不需要特別雕刻，但由於供體有限，且可吸收變小，臨床上也很少用。

假體選擇好後接著要進行假體雕刻製作。假體應根據填充物陽模三維結構進行雕刻，雕刻完後，將下頜假體與陽模反覆比較，力求兩者完全一致，然後放在填充部位，觀看假體是否合適。

若患者接受下頜角肥大整形術，術前應根據患者面部彩色 5 寸照片粗略估計截骨量，然後根據投影測量片對比，決定具體截骨線的位置，設計截骨線時應注意患者的性別特徵。

手術醫生應根據患者的要求及自己的技術水準決定採用口內入路還是口外入路。口外做手術在術前應標明切口的位置，即在下頜角下方 1.5 公分處劃出一條 3 公分長與下頜下緣平行的切口線，並告知病人該手術切口線。

對顴骨突出整形的病人術前應仔細檢查審視患者的面

型和面貌，確定患者是單純顴突突出還是顴弓突出或是二者均突出，然後根據顴骨突出的類型確定手術方案，並在面部石膏模型上進行實際雕刻，確定截骨的部位和截骨量。

術前精神上的準備也是必要的，病人對手術一般都有一定的畏懼心理和思維顧慮，這主要包括對手術的恐懼和對術後效果的擔心，由於每一個要求手術的病人的心理狀態各不相同，因此，要求醫師根據具體情況如實的向患者交待清楚手術可能達到的效果及可能出現的不理想情況，消除病人的心理顧慮，糾正不切實際的要求，以求得到患者對手術的最多瞭解和良好配合。

術前還應進行全身健康狀況的檢查。測體溫、脈搏、呼吸、血壓、體重是必不可少的。還要進行體格檢查及必要的實驗室檢查，嚴格選擇適應症。如有相對禁忌情況如月經期、妊娠期、急性炎症期、心血管疾病、肝腎疾病等避開或給予治療後再進行手術，以確保患者在手術時能處於良好的健康狀況。

頜面部局部情況也應給予注意，口腔牙齒是否均健康，如牙結石過多，術前應潔牙清洗口腔。並應攝下頜骨的曲面斷層 X 線片，如下頜曲面斷層提示有頜骨囊腫等病變，應考慮暫緩手術。

術前照像，要從各個角度及側面照，留做對比資料或存檔用。另外簽署手術同意書，理髮、沐浴、術區皮膚清洗、鼻腔、口腔清潔均是術前需要完成的準備工作。

術前準備工作完成後，再選擇一個適當的日期即可給病人進行手術，在手術過程中，手術醫生仔細處理每一手術步驟，完成手術，剩下的醫療工作就是術後護理，這也是手術能否完全成功的重要一環。

通常情況下，患者術後都需要加壓包紮，局部加壓時間一般在5天左右，如果植有假體，假體一般不需固定。2～3天後應抽出放置在傷口的橡皮引流條。常規點滴抗生素5～7天，7天後拆除傷口縫線，術後給流汁飲食5～7天，若為防止口內切口感染，也可給患者鼻飼，即從鼻孔插入一根細管到胃，用注射器向管子裏推注流汁飲食，這樣可防止流汁飲食污染口內切口。

術前

四、手術方法

1. 下頜角肥大整形術

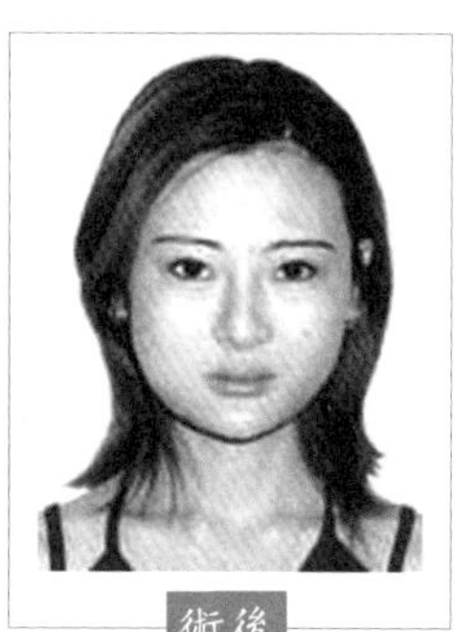
術後

下頜角肥大整形術，又可稱為方臉型改形術。下頜骨是構成面部下1/3輪廓的主要框架結構，下頜角是下頜骨上的一外形解剖結構，位於面部下外側。它的位置及形態具有明顯的性別體徵。

下頜角肥大讓人感覺有男性氣概，

故男性以國字臉為美，而女性以卵圓形面型為美。但如男性的下頷角過於肥大，形成梯形臉，影響美觀；女性的下頷角過於肥大，則形成方形臉，讓人感覺不柔美，缺乏女性魅力，施行下頷角肥大整形術的目的就是要將不太美觀的方臉型或梯型臉，改為橢圓形或卵圓形（爪子型）臉型。手術中主要由減少兩側下頷角外側的外展度及切除部分附著在下頷角上的肌肉組織來達到改形目的。

這種手術目前一般有兩種做法。

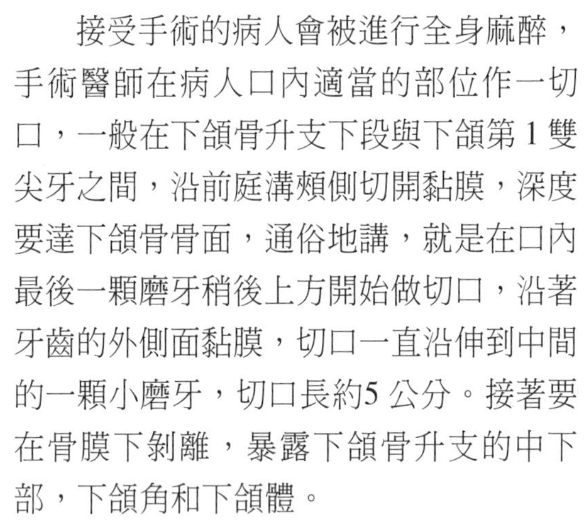

一種是從口內做切口來切除肥大的下頷角，該方法的優點是瘢痕不外露，缺點是手術操作複雜，並需要一些特殊的手術器械。

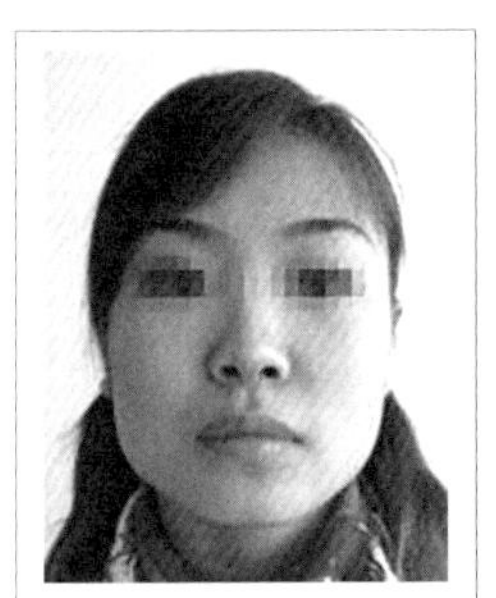

術前

接受手術的病人會被進行全身麻醉，手術醫師在病人口內適當的部位作一切口，一般在下頷骨升支下段與下頷第 1 雙尖牙之間，沿前庭溝頰側切開黏膜，深度要達下頷骨骨面，通俗地講，就是在口內最後一顆磨牙稍後上方開始做切口，沿著牙齒的外側面黏膜，切口一直沿伸到中間的一顆小磨牙，切口長約5 公分。接著要在骨膜下剝離，暴露下頷骨升支的中下部，下頷角和下頷體。

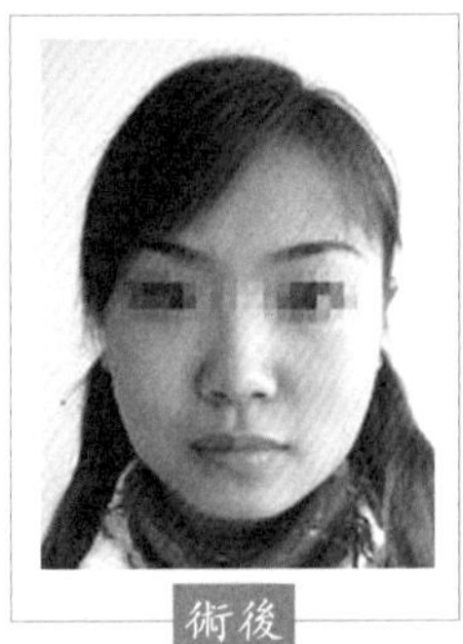

術後

手術中要特別注意保護神經和一些重要的血管，然後用帶有光導纖維的拉鉤充分暴露手術區，按手術前設計的截骨線，用電機或氣動骨鋸，精確的去掉要截除的下頜角處骨組織，將去掉的骨組織取出後，要打磨修整截骨邊緣至其光滑流暢，再用相同的方法完成另一側的下頜角的截骨。然後仔細比較兩側是否對稱。截骨邊緣是否光滑。不理想部位手術醫生都會再進行調整直至滿意為止。如果手術中醫生發現附著在下頜角處的肌肉也過於肥大，可能也會為其切除部分肌肉組織。但一般在做下頜角骨組織切除時肌肉並不作為常規切除。

另外一種方法是從口外做切口。這種手術方法的優點是手術操作比較簡單，不需特殊手術器械，缺點是瘢痕外露。該種手術方法在局部麻醉或加一些強化麻醉下均可完成。切口部位應選擇在面部較隱蔽處，並且要避開面神經下頜緣支，在距下頜骨下緣 1.5～2 公分，繞下頜角處是較理想部位。由於切口進路是由外向內達到下頜骨骨面，在這其間暴露手術範圍時可能會碰到面神經，面動脈。在避開這些重要的解剖結構達到下頜骨骨面後，即可按術前設計的截骨線截除部分肥大的下頜角。

完成截骨及一些必要的處理後，縫合創面。用相同的方法再完成另一側的手術。手術完成時醫師會在傷口縫合處放置一根橡皮條，用以引流傷口內的少量滲血，以防傷口內積血造成感染。

2. 顴骨突出整形術

顴骨位於面中 1/3 的兩側，是構成面部輪廓的主要框架，它的位置和形態決定了人的面型和面貌是否具有美感，由於東方人多為中面型，立體感差，若顴骨突過於突出，影響面貌的曲線美，顴弓過於突出，則形成菱形臉，影響面型美觀，因此，不論顴骨突出是以顴突為主，還是以顴弓為主，都應由手術進行矯治。目前常用的整復顴骨突出症的方法有三種：顴突降低術、顴弓降低術、顴骨截骨降低術。

（1）顴突降低術：

這種方法一般適用於單純的顴骨體前突的患者，大多數情況下給患者施行局部麻醉就可完成手術。手術切口選擇在口腔內，在上頜齦頰溝的牙齦側黏膜上做切口。切開黏骨膜（這一部位的黏膜和骨附著很緊密，難以分離開，所以將這二層組織統稱為黏骨膜），用骨膜剝離器在骨膜下剝離，顯露出上頜骨前壁，眶下神經血管束，按手術前設計用切割鑽削突出的顴突，切割時邊切割邊用生理鹽水沖洗，以防高溫破壞骨質，另外，也可用折骨刀鑿除突出的顴突，然後再用較窄的骨鑿修整，這期間由於是用的局部麻醉，病人可能會聽見有電動骨鑽或是骨鑿的敲打聲音。最後再用骨銼或圓骨鑽打磨塑形，一側手術完成後再用同法完成另一側手術。

（2）顴弓降低術：

單純顴弓突出且程度較輕的病人，比較適合用這種手術方法，這一手術方法的優點是切口隱蔽，手術創面暴露較好，能在直視下操作，手術中一般不會損傷鄰近組織。

給病人施行麻醉後，主刀醫師會在頭部的髮際內做一切口，一般切口長約 5 公分。將手術切口選擇在髮際內，手術後的瘢痕由於頭髮的遮蓋，不易發現，故不影響美觀。在切開頭皮、顳淺筋膜後，於顳深筋膜的表面向前游離皮瓣，在顴骨顴突上方1 公分處切開顳深筋膜淺層。用骨膜剝離器推開顴弓的骨膜，游離到顴弓下緣 ，然後將骨膜剝離器平行於顴弓向前推開顴弓表面的骨膜，顯露顴弓。再用骨鑿鑿低突起的顴弓，並用骨銼打磨光滑，用同法完成對側顴弓的降低，然後用生理水沖洗手術創面，縫合切口。切口內放置一根橡皮條，用以引流切口內的滲出液體，加壓包紮，手術完。

（3）顴骨截骨降低術：

這種手術方法適用於顴突、顴弓均過高的患者。該種方法能同時降低顴骨、顴弓而不破壞顴突的自然形態，一般用於較嚴重病例。

手術一般選擇全身麻醉，經口內齦頰溝向齦側黏膜做切口，切開黏骨膜，用骨膜剝離器在骨膜下向上剝離至眶下壁及眶外側壁，然後向外側剝離，顯露顴弓內1/2，用拉鉤顯露眶下緣及眶外側緣，按手術前設計標記截骨線，用微型電鋸或爪形鑽沿截骨線切斷上頜骨。按顴弓降低術方法游離顳骨顴突，用骨鑿截斷顳骨顴突，這樣可使整個顴骨游離、降低。顴骨降低後，如手術效果滿意，沖洗傷口，用小型鈦鋼板將顴突與上頜骨固定，用相同方法完成對側顴骨的降低，使手術後的面部兩側對稱，縫合切口，切口處放置橡皮引流條，加壓包紮，手術完成。

3. 隆頦術

見前文「隆頦」。

4. 尖面型改型術

尖面型常常是面部上、中、下三部分基本一致，只是頦部尖削，面側凹陷而有如三角形。此類面型常常伴發下頜角過鈍，下頜體下緣由後上斜向下前，並易形成上、下前牙畸形，此類面型的矯正常常要在兩側下頜體下緣放入假體以增加頦部兩側的豐滿度，假體選擇如前所述。由於雙側下頜骨下緣均要植入較大體積的假體，可由口外下頜骨下緣作切口，也可採用口內切口。

切開後分離暴露下頜骨下緣，將預製成的假體緊貼於下頜骨下緣，為使其緊密貼合，假體最好做成與下頜骨下緣相適應的凹面，而其游離緣則必須圓鈍，以使修復後的外形接近於自然形態，一般仍需骨鑽鑽孔，不銹鋼絲固定。創口放引流條，加壓包紮，拆線後需使用彈性繃帶加壓固定 3～6 個月。

五、手術後併發症

接受手術的患者都希望自己的手術百分之百的成功，術後不出現任何併發症，這也是手術醫生所希望的，但在現實的治療過程中，有些併發症或意外的出現也很難完全避免，面部輪廓改型術常見的併發症有下面一些。

1. 隆頦術常見的併發症

見前文「隆頦」。

2. 下頜角肥大整形術常見併發症

（1）牙關緊閉：

主要見於咬肌部分切除的患者，一般持續一週左右消失，主要與術後咬肌痙攣有關。

預防措施：術中仔細止血，術後在面部兩側放置冰袋，避免嚼口香糖等堅韌黏稠食物，不要大張口，如術後出現這種情況，應手術後 3 天開始理療。

（2）血腫：

如術後發現這種情況應及進引流，必要時行手術探查。

（3）感染：

主要與手術中無菌操作不嚴格有關。

預防措施：術前清洗口腔，術前嚴格消毒、術中嚴格遵守無菌操作原則，術後常規服用抗生素，一旦感染應及時切開引流，並全身應用抗生素。

（4）下牙槽神經損傷：

術中應仔細操作，精確設計截骨線，避免損傷神經。

3. 顴骨突出整形術常見併發症

（1）一側上唇麻木：

主要是術中損傷眶下神經所致，可給於神經營養藥物，促進神經恢復。

（2）血腫：

同前述處理。

（3）額肌癱瘓：

主要是因為術中損傷面神經顳支所致，術中應仔細保護神經，術後出現這種情況應給於營養神經藥物治療。如果是由於術中牽拉面神經造成額肌癱瘓，一般能夠自行漸漸恢復，如神經斷離則不可恢復，得按面癱處理，行神經吻合術。

毛髮移植

人類在漫長的進化過程中，除前肢逐漸脫離地面直立行走外，另一個明顯的外部特徵是體表的大部分毛髮退化成為毳毛。

殘存的毛髮為頭髮、眉毛、睫毛、鬍鬚、陰毛等，其維持人體的體形完美方面遠較對保持其功能方面更為重要。自古以來，毛髮的健康生長是人體健美的重要標誌之一。美化毛髮也就成為人體生活美容的重要組成部分。

在日常生活中，常可見到各種原因造成的毛髮永久脫失，如「謝頂」、頭髮瘢痕性脫髮，以及眉毛、睫毛、鬍鬚、陰毛等部位的毛髮脫失等等，這不僅使外觀受到不同程度的影響，而且還給患者的心理上帶來很大的障礙。但遺憾的是至今為止尚無實用可靠的藥物等非手術治療法能夠從根本上解決這些問題。其他非手術治療方法治療效果大都不確切。

毛髮移植是目前國際上發展很迅速的治療永久性毛髮脫失的新技術。它是將身體殘餘的優勢供區內毛髮經由外科手術移植到脫髮區域或身體其他部位，用於治療各種原因造成的永久性毛髮脫失，手術效果顯著、自然、永久，是目前國際上治療永久性毛髮脫失的最理想治療手段。

毛髮移植外科手術中所指的頭皮優勢供區是指這一區域的正常頭皮毛髮保持終生存在，可供移植應用的區域，一般在耳後及後腦枕部入髮際6～8公分處。這些部位的毛髮移植後經過短期的恢復後，保持原來的所有生長特性，在新的移植區內繼續生長，而且保持終生。

毛髮移植對身體所造成的損害是非常輕微的，手術本身不會造成全身生理狀態的改變，不會引起顱腦任何不良的影響。現代醫學技術的發展，麻醉技術的不斷提高，使毛髮移植成為非常安全的，對人體無不良損害的手術。而且每個接受毛髮移植者能夠在清醒狀態下輕鬆度過毛髮移植的全過程。手術過程中，受術者可以欣賞音樂、飲食、去洗手間等活動。

毛髮移植外科實際上是複合組織移植的一種形式。它具有特殊的表現形式。首先要求醫生的細緻，精確地操作；具有無創技術的能力及嚴格的無菌技術。毛髮在移植過程中要受到不同程度的機械性、暴露性等損傷，實驗表明這種損傷不利於移植毛髮的成活。因此，應在手術各個環節上將這種損傷減少到最低程度。毛髮在移植過程中要受到短暫的或相對的缺血、缺氧過程，使組織抗感染的能力相對下降。因此，嚴格的無菌技術和合理應用抗生素是預防感染的有效措施。

操行者應具備長久微細操作的能力。毛髮移植術常直接在毛髮上進行手術操作，屬微小精細手術，並且手術時間較長，要求手術醫生特別要有耐心和責任心。其手術的特殊性還在於手術機會有限：毛髮移植手術是對身體原有毛髮的再分佈。手術後毛髮的總數沒有變，不會有新的毛髮再生。因此，每一位患者的手術機會是有限的。

當然，毛髮移植手術也和其他外科手術一樣，須具備一定的條件方能順利地實施。

首先，患者必須要身體狀況良好，身體健康無疾病。要有足夠的能夠提供毛髮的健康供毛區，並且要有良好健康的接受毛髮移植的組織區域。

其次，手術室中要有寧靜、輕鬆的工作氣氛，配備良好的手術監護與急救設施和良好、柔和的照明裝置；具備常規的冷凍、冷藏條件；除常規的手術器械外，還應有毛髮移植外科特殊的手術器械。

最後，醫生必須具有毛髮移植外科的基本知識。具有毛髮移植外科的基本操作技能，特別是良好的微細操作技術及極大的耐心；以及配合相當默契，協作良好的手術組。

一、毛髮的生長特點、結構

1. 毛髮的生長特點

毛髮的生長是有週期性的，在人的一生中，毛髮處於不斷地生長、脫落和再生長的週期性循環過程中。毛髮每循環一次稱為一個毛髮生長週期。全部的毛髮或互相臨近的毛髮並不都處於同一生長週期中。因此，人的毛髮在隨時隨地脫落和生長。每天有 50～100 根頭髮脫落，同時也有 50～100 根頭髮生長補充，以達到一個平衡狀態，不會出現無毛髮時期和多毛髮時期。

如果在異常情況下毛髮稀疏的區域生長過多或過長過

粗的毛髮，稱為多毛症。輕度者多見，嚴重者非常少見（如毛孩、狗面兒童和有鬚婦人等）；如果在正常濃毛部位出現毛髮稀疏脫失的現象，則為脫髮。毛髮完全脫失者，非常罕見，而且常伴有甲、齒缺損。

毛髮的生長週期可分為三個階段：生長期、退行期和休止期或衰老期。不同類型的毛髮的週期長短不一。同一類型的毛髮也可因年齡、性別、種族、季節、地域不同而有差異。以頭髮為例，生長期約有 2～5 年。

2. 毛髮的組織結構

每個整體毛髮單位由髮質、毛囊和毛乳頭組成。此外，還應包括與毛囊有關的結構，如皮膚腺、大汗腺和立毛肌等。

髮質是毛髮的本質部分，由毛幹和毛根組成。毛幹是毛髮露出皮膚外面的部分。毛根是毛髮埋藏在皮膚裏面的部分。毛根未端比較膨大，稱為毛球。毛球底部凹陷，含有毛細血管和神經，稱為毛乳頭。毛根在皮膚內被一管狀鞘囊所包裹，稱為毛囊。人類皮脂腺開口於毛囊，一般毛髮粗者，皮腺囊小；而毛髮細者則常伴有大的皮脂腺。各型脫髮者，皮脂腺往往比正常人要大得多。

3. 毛髮的種類

毛髮的長短、質地和色澤可因人而異，同一人身上不同部位的毛髮亦不相同，甚至同一部位也可有不同。按照

人體一生中毛髮先後出現的次序，可將毛髮分為：

（1）初生毛（即胎毛）：

胎內生長，質地柔軟，微有色素。出生前，胎毛大多數脫落，而為次生毛所代替。

（2）次生毛：

次生毛是纖細的淺色毛，分佈於背部，四肢等處。頭髮、眉毛和睫毛等也屬於次生毛。但直徑較粗，顏色較深。

（3）再生毛：

性成熟時，在身體的一定部位出現再生毛。再生毛的直徑較粗。兩性的腋毛和陰毛以及男性面部的鬍鬚、胸部、腹部和四肢上的體毛均屬於再生毛。

按照毛髮的特徵可將毛髮分為：

（1）長毛：

又稱終毛，長、粗而且硬，常在 1 公分以上，色澤濃。如頭髮、鬍鬚、腋毛等。

（2）短毛：

也稱終毛，短、粗且硬，常不超過 1公分，如睫毛、眉毛、鼻毛等。

（3）毳毛：

柔軟並且短小，色澤濃、如汗毛。

（4）胎毛。

二、頭髮移植

1.禿髮的病因

頭髮部分（區域性）、永久性脫失的原因很多，有些是原發性的，有些是繼發性的，還有些是生理性的。在諸多頭髮脫失的原因中，最為常見的脫髮為雄源遺傳性脫髮（脂溢性脫髮），即俗稱「謝頂」。約占脫髮者的95%，發病呈進行性。無論男性還是女性都有發病。但是，男性患者的發病率遠高於女性。

其脫髮的表現男女有別。在男性，脫髮往往開始於頭前區的額顳髮際角處。隨著脫髮程度的進展，額顳髮際角變大，額頂區的毛髮變細變短小，最終長毛完全脫落，而由毳毛所替代。外觀上，將形成馬蹄形脫髮區域。脫髮進展的過程大部分由前往後，但是也可以由頂部開始或二者同時發展。

然而，在女性，脫髮常呈彌散性發展，毛髮脫失均勻地發生於頭頂部。髮際通常保持正常。女性脫髮通常不像男性那樣主區域性完全脫落而分界鮮明，女性脫髮一般從頭頂部開始，逐漸向四周擴展。脫髮區域與非脫髮區域常常邊界不明顯，毛髮完全脫失者則非常罕見。

為衡量女性脫髮的嚴重程度，女性大致脫髮大致可以劃分為如下三度。

I 度脫髮：

脫髮起始於額頂部，表現為毛髮變細、變短。質地柔軟，密度通常變化不大，脫髮通常僅有患者自己感覺到。經過一般的髮型修飾可以完全遮擋。在一般生活人群中，自我形象不受損害。

II 度脫髮：

在 I 度脫髮的基礎上，脫髮進一步擴大。占大部分頭頂部。毛髮進一步變細、變短。頭頂中部毛髮密度減少明顯。經過一般的髮型修飾也難完全遮擋。暴露在人群之中。自我形象受一定程度的損害。

III 度脫髮：

在 II 度脫髮的基礎上，脫髮範圍更加擴大。累及整個頭頂區域。中央區域毛髮密度進一步減少，表現為：透過稀疏的少量毛髮可見到光亮的頭皮，經過一般的髮型修飾不能完全遮擋。嚴重影響患者形象。

儘管目前人們對這一病症的發病機制不太清楚，但是科學研究認為這一病症的發生主要與遺傳基因和體內雄激素水平過高有關。頭頂部毛囊與後腦勺毛囊結構不同，額頂部的毛囊中具有結構上的先天性缺陷，這些毛囊受後天的多種因素，如內分泌失調、精神緊張、生活不規律、環境的影響，其中特別是高水平的雄激素及其一些代謝產物長期作用於頭頂部毛髮的易感毛囊上，從而引起該區域毛囊慢慢地萎縮變性壞死，繼而造成永久性的禿頂和脫髮。

另外一種常見的脫髮為斑禿，俗稱「鬼剃頭」。表現為頭部毛髮不明原因地突然呈小片狀脫落。直徑多在 2 公分內。頭皮光亮，邊界清晰，有時範圍較大。個別患者頭髮可全部脫落，稱為全禿。嚴重時眉毛、腋毛、鬍鬚、陰毛、毳毛等均可脫失，稱為普禿。其發病原因不清，但科學研究表明該病與自身免疫狀態有關。也就是說，身體的免疫系統將毛髮看做是非自身組織，必須驅逐出體外，由血液中的白細胞對毛髮發起攻擊，引起毛髮脫失。此症大部分為暫時性，經過一定時期後常可自行恢復。如果進行治療，以非手術治療為主。

毛髮脫失也可以發生在女性懷孕或分娩後，停服避孕藥和巨大精神創傷後，使生長期毛髮過早進入休止期而脫髮。此類脫髮一般可在未經過治療後 3～4 個月後自行恢復。

因癌症而行化療、放療後，也可引起脫髮。常在治療後 6～12 個月開始恢復。

其他因素如營養不良、貧血、內分泌紊亂等引起頭髮脫髮，可針對病因採取藥物治療。

總之，脫髮病因多種多樣。 有些屬於自限性的，往往經過一段時間後自行恢復，甚至不需要治療， 有些僅需針對病因進行藥物等術治療即可，大部分永久性區域性脫髮常以手術治療為主。

2. 頭髮移植的手術方式

目前頭髮移植所用的手術方式常為：毛髮游離移植術、頭皮脫髮區縮小術、頭皮瓣轉移術、.頭皮組織擴張

術。每一種手術方式各有其優點和缺點。需要根據具體的病情來選擇不同的手術方式，也可以兩種以上的術式結合應用。

（1）毛髮游離移植術：

游離毛髮移植術，即通稱的毛髮移植術，是最為常用的治療毛髮脫失的外科手術。它是在切取一定數量的優勢供區毛髮的基礎上，用顯微外科手術技術經過短期的離體，加工成不同大小的毛髮移植物，按照自然的頭髮生長方向，藝術化地移植於患者脫髮區，脫髮的部位毛囊存活後便會生長出健康的新髮，而且所生長的新髮保持原有頭髮的一切生物學特徵，不會再次脫落或壞死。長出的新髮，可以正常地吹髮、燙髮及染髮，完全恢復患者脫髮前的面貌。

這是一項精細的高級美容外科手術，屬於表皮的手術，非常安全，手術採用表皮局部麻醉，毫無痛苦。手術的感染率很低，創傷小，成功率高。手術屬門診手術，時間在3～4小時左右，患者不需要住院，一般在術後四天便可洗頭，十天左右完全恢復正常。手術後三個月後新髮開始生長，半年以後便可以看出初步的效果。此項手術不受年齡的限制，只要患者供體區頭髮良好，身體健康無疾病，即可保證手術的成功。

毛髮游離移植術應遵循幾個基本原則而開展和接受。

第一，毛髮移植術並不能增加毛髮量，由於毛髮移植技術是重新再分佈殘存的優勢供區內的毛髮，所以，手術僅適用於有足夠供髮區的患者。毛髮移植術後毛髮的成活率、手術效果與術者操作的精細程度和技術水準直接相關，一位臨床經驗豐富技術一流的專科醫生所操作的頭髮移植手術的成功率為 100%。毛囊再植的成活率一般為 90%～100%，粗糙的技術不但達不到治療目的，而且還浪費了非常珍貴的永久供髮區，常常使患者失去進一步再手術的機會。

第二，毛髮脫落的過程是進行性的，一個毛髮缺失的患者可能在 25 歲初診時只處於脫髮的 I、II 期，但隨著時間的推移，頭髮脫落會變得很嚴重。因此，針對不同的禿髮患者，在治療中應考慮到毛髮繼續脫落的速度和數量及毛髮移植時可供毛髮的數量。

第三，技術必須能經受時間考驗。這是以上兩個原則的合理延伸。移植的頭髮健康生長，術後數年所形成的毛髮外觀仍自然美觀。

毛髮游離移植的手術方式多種多樣，常用的術式為：沖壓式簇狀毛髮移植、微小毛髮移植和顯微毛髮移植等。

①沖壓式簇狀毛髮移植：在優勢毛髮供區內，以環式鑽刀切取一定大小的圓形毛髮移植物，並在禿髮區（接受植髮區）鑽取相應大小和形態的洞穴，然後將準備好的這些移植物植入該洞穴之內。移植物的大小一般為直徑 4 毫米 ，包含 10～15 根毛髮，一期移植的數量，傳統的方法治療脫髮常為 50～100 個，整個過程常需要 3 期以上才能完成。

這種方式的優點為：可取得較高的毛髮移植密度及獲取預計的手術效果；手術時間相對較短，一般在1～2小時內完成，且手術操作相對較易掌握。

其缺點為：毛髮生長不自然，呈簇狀樣毛髮生長，類似玩具娃娃樣頭髮，較易產生可見的瘢痕和頭皮表面不平整等併發症。

②微小毛髮移植和顯微毛髮移植術：這類手術中毛髮移植物較小。在選定的毛髮供區（耳後或後腦勺部位）將原有的毛髮修剪成5毫米長度。局部頭皮麻醉後用刀片切取所需帶頭髮的頭皮條。取頭皮部位拉攏縫合。取出的頭皮條用特別鋒利的刀片切成含1～2根、3～8根頭髮的微小毛髮移植物和顯微毛髮移植物，放入4℃生理鹽水中備用。在需要移植毛髮的區域內注入麻醉藥後用特殊刀具按毛髮生長的方向製造裂隙，將備好的移植物放入裂隙中，表面用紗布包紮，次日清洗。

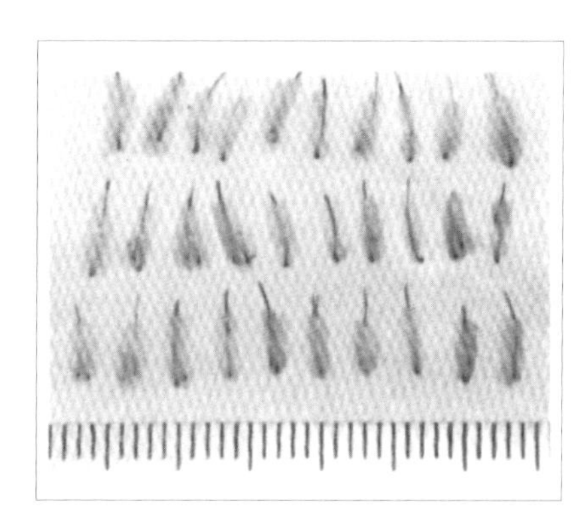

微小毛髮移植物和顯微毛髮移植物

這類手術的優點為：移植後生長的毛髮自然，更接近正常狀態，減弱移植物遠期回縮的併發症，從而使移植的毛髮分佈更加自然均勻且減少了瘢痕的發生，此法幾乎適合所有部位的毛髮移植需求。

基缺點為：手術難度

大，所需時間較長，移植物製備的難度增大，在製備過程中毛髮橫斷的發生率較高，需要的器械特殊，相同面積的禿發修復所需費用較高。

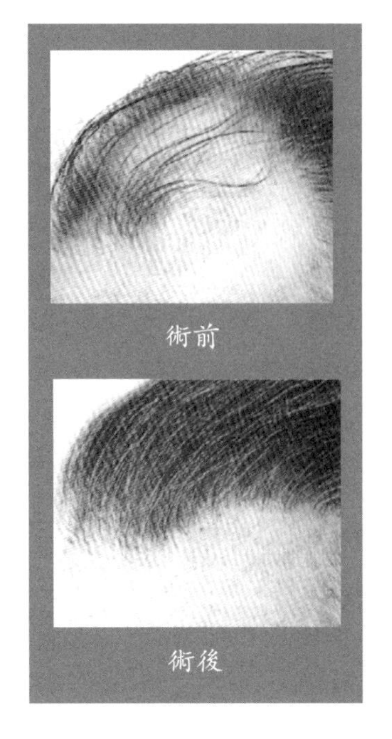
術前
術後

（2）頭皮脫髮區縮小術：

是在頭皮脫髮區域內手術切除一定面積的毛髮頭皮組織，然後將周圍頭髮頭皮組織推進到脫髮區域內以彌補缺損。這類手術雖然能有效地去除禿髮，但會留下比原來禿髮更不自然的瘢痕。脫髮是漸進的過程，頭皮緊縮術後幾年內，切口周圍的頭髮能掩蓋住切口瘢痕，但最終必然會因切口周圍的頭髮漸漸脫落，完全暴露出原來的手術瘢痕，此時一般很難用毛髮移植術矯正。

（3）頭皮瓣轉移術：

利用禿髮周圍頭皮的鬆動性設計合理切口將有毛髮的頭皮旋轉、推進覆蓋禿頭部位。其最大的優點是能獲得達到正常毛髮密度的頭皮組織。但是缺點較多：頭皮局部毛髮生長方向發生了改變；需要數次手術才能使頭皮變得平整，供區難以縫合或縫合時張力過大而再致切口部位禿髮。

（4）頭皮組織擴張術：

由於人體中沒有其他組織可以代替頭皮組織，因此，組織擴張殘存的有髮供區成為修復頭皮脫髮的最為有效的外科手段之一。頭皮組織擴張術幾乎沒有絕對的禁忌症，嚴格地講，只要有適量的、有毛髮生長的健康頭皮供區，便可行使頭皮組織擴張術。組織擴張術一般需經歷兩次手術，整個治療過程一般需要2～3個月。

第一次手術為擴張器置入術，在缺損組織區周圍首先選擇適宜的皮膚區域作為擴張的供區，在缺損組織內作切口置入擴張器，後進入系列注水擴張期，術後2～3週，傷口完全癒合後便可開始注入生理鹽水進行擴張。經過1個半月左右，缺損毛髮周圍正常頭髮頭皮延展變大，面積增加到預想大小，則開始第Ⅱ期手術，即擴張頭皮瓣轉移修復禿髮區手術，將禿髮區切除，將擴張後多餘正常帶毛髮頭皮覆蓋禿髮創面。

這種手術對於片狀瘢痕性禿髮效果最好，但整個過程冗長，患者在整個過程中需多次復診（每2～3天往擴張器中注水一次）；擴張區域受壓，疼痛，擴張器間影響美觀，但有可能出現正常頭髮區因受壓及牽位原因而致部分毛髮脫失。

三、眉毛移植

眉毛是由一根根的短毛分上、中、下3層交織，相互重疊而成。眉頭部分的眉毛斜向外上方生長，眉梢部分則斜向外下方。眉腰部眉毛較密，大體是上列眉毛向下斜行，中列眉毛向後傾斜，下列眉毛向上斜行生長。

眉毛屬硬質短毛，密度為 50～130 根 / 平方公分，面部許多表情肌都與眉部皮膚相聯繫，所以，眉毛可被牽引向上、下或向正中線活動。兩眉之間（眉間）通常是平滑無毛的，但有時可有稀而短的毛將其連接，此種眉俗稱「連心眉」。

眉毛的長短、粗細、色澤與種族、性別、年齡等多種因素有關。一般說來兒童的眉毛較短而稀，成人較密而色黑。男性眉毛粗寬而密，女性則窄而彎曲。眉毛色黑，在老年男性可增長變白，俗稱「壽星眉」。女性年老眉毛則易脫落變稀疏。

眉毛的色澤深淺與全身色素代謝有關，其中尤以丙氨酸、酪氨酸經過代謝形成的黑色素關係密切，因此，平時多食用疏菜、豆類製品可增加眉毛的黑度。病理狀態下，如白化病、白癜風、斑禿、原田病，小柳病以及交感性眼炎，眉毛可部分或全部變白。

眉在顏面五官中起著重要的協調作用，粗細適中、濃淡相宜、線條優美的雙眉對於人的容貌美起著「烘雲托月」的作用。

1. 眉毛缺失的原因

眉缺損多見於各種原因的外傷或眉部皮膚腫瘤切除手術、紋眉失敗清洗時損傷毛囊或眉切除術後，以及不明原因的脫眉。

2. 眉毛缺失修復的手術方法

手術修復方法有以下幾種：游離頭皮移植法、毛髮游離移植法、顳淺動脈島狀頭皮瓣移植法、健眉移植法。

（1）游離頭皮移植法：

此手術方法適用於單眉部分、全部缺失而無法用健眉修復缺損者。

具體方法：選擇耳後髮際頭皮作移植材料，頭髮長者應剪短，保留0.5～1公分，若一側眉毛缺失，可按健側眉型用塑膠薄膜剪取標樣。若雙側眉毛缺失可根據患者臉型、眼型、性格、職業等情況設計出新眉型，用塑膠薄膜剪取標樣，然後在耳後的頭皮中按塑膠剪取標樣，切取標

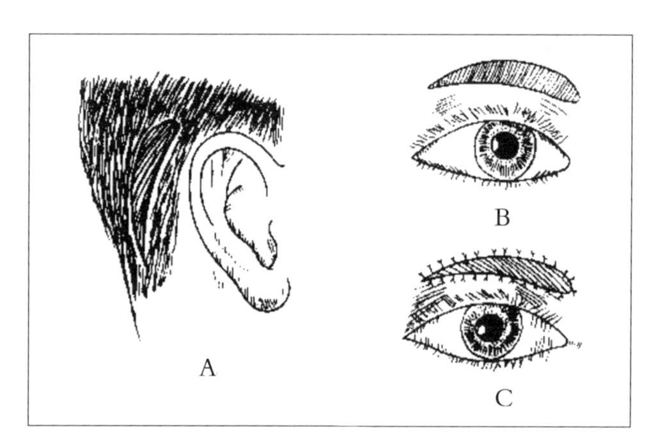

耳後游離頭皮移植修復眉缺損

A.切取耳後頭皮游離皮片，順毛幹方向略傾斜切取。
B.患側眉部切除病灶，製成植床。
C.將游離頭皮片修整後，移植患側缺損區縫合。

樣設計中的全厚頭髮，頭皮切口縫合。將切取的頭皮經適當處理後，用濕鹽水紗布包裹待用。在患者所需植眉處按設計線切開皮膚全層，將切取的頭皮帶毛髮皮片植入眉毛處，縫合，包紮，手術後 10～14 天拆除敷料、拆線。

此手術因植入的為復合組織，對所植眉毛的寬度有一定要求，超過 1 公分常常不易存活。皮膚成活 3～4 週後毛髮逐漸脫落。2～3 個月新髮生長，較為稀疏纖細，但較健眉仍為粗大，且有不斷生長特點，可隨時剪短。生長紊亂時，塗以油膏順向外方按摩。

（2）毛髮游離移植法：

適用於所有眉毛缺失或部分缺失的患者。尤其是部

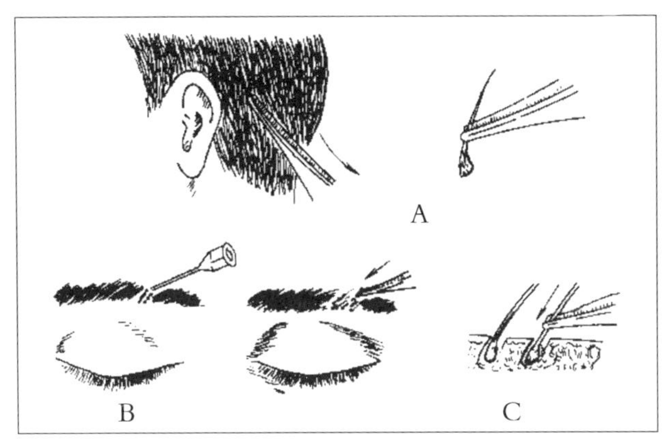

單株植毛法

A.製取單株毛髮。

B.眉缺損區用植毛針（或 7 號針頭）順眉毛生長方向戳孔直達皮下脂肪層。

C.用眼科鑷夾持單株毛髮，將其插入孔中。

分，不規則眉毛脫失的患者。外傷瘢痕性眉毛缺失應在受傷後半年施實。

操作方法：術後供毛區（身後髮際內3公分左右）毛髮剪短留存長約3毫米，缺眉區設計好眉形。在供毛區切取頭皮片，再將皮片上的毛髮切分成帶毛囊的單根毛髮，儲存在生理鹽水中備用。在植眉區用7號針頭順毛髮生長方向，與皮膚大約50°～75°角刺入皮膚3～5毫米深，拔出針，用眼科小鑷子夾住單株毛髮順針眼植入，每株間距約1毫米，另一種方法是利用植毛針。用植毛針按上述方法刺入皮膚後，將毛髮單株插入植毛針空心中，然後用植毛針頂住毛髮，慢慢抽出植毛針，毛髮便留在皮內。手術後用特殊敷料覆蓋眉區，用紗布包紮，全身用抗生素，消腫藥物3～5天，二天後拆去敷料，注意勿拉出毛髮。術後約10天左右有少數毛髮脫落，3個月後新的毛髮逐漸生長出來，第一次植毛後，若發現仍稀疏，可再一次植毛。植毛密度每側約200根左右。

此手術方法所植眉形逼真，自然，可達以假亂真效果，毛髮的成活率可達90%以上。要求手術醫生要有專業的手術技巧，細緻、精心的操作，極大的耐心，否則移植毛髮的毛囊受到損傷，則引起眉毛部分無法成活。

（3）顳淺動脈島狀頭皮瓣移植法：

針對眉毛及眼瞼、前額、眉區大面積的各種傷害所形成的廣泛而深在的瘢痕，採用游離植皮眉毛再造，由於基底血供不良難以成活，而對側眉部又沒有可利用的組織情

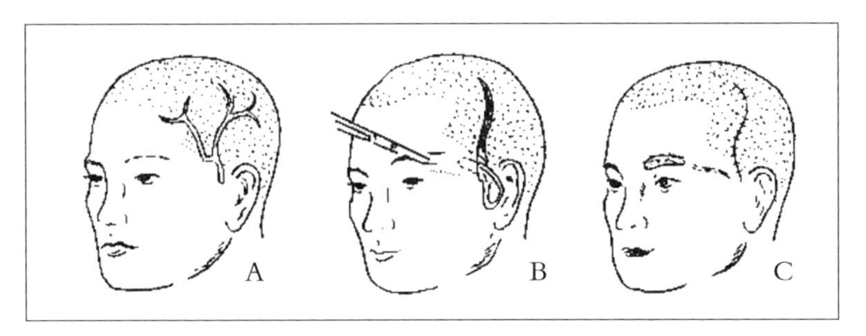

顳淺動脈島狀頭皮瓣修復眉缺損

A. 按需重建眉毛形態和顳淺動脈分佈徑路，設計切口線及頭皮皮瓣位置。

B. 按設計線切開並分離出顳淺動脈及其遠端的帶毛皮瓣，製成帶蒂島狀皮瓣，通過顳眉間皮下隧道，將皮瓣移植眉缺損區。

C.縫合切口

況下，可採用此方法再造眉毛。

操作方法：術前剪短頭髮，用特殊超聲血流探測儀查出顳淺動脈及分支走行，用色料標出。在此根血管遠端根據眉毛缺損範圍設計島狀頭皮瓣。沿顳淺動脈走行切開頭皮，在毛囊深層分別向兩側稍作分離，可見搏動的顳淺動脈和伴行的靜脈，保留主支血管，切斷、結紮其分支，沿其兩側 5～10 公分切開達深筋膜，向上直到設計的島狀頭皮皮瓣，直視下使動脈通過皮瓣的全長，或至少需通過皮瓣的 1/2，然後按畫線設計切取島狀皮瓣，製成以顳淺動靜脈血管束為蒂的島狀頭皮皮瓣。

如圖由顳側向眉弓創面處，血管不能扭曲，皮瓣與創緣對位縫合，頭皮區拉攏縫合，輕輕加壓包紮，手術7～10天拆線。

此種方法做出的眉形寬而毛髮濃度，對男性患者較女性適應。毛髮生長快速，需定期修剪。

（4）健眉移植法：

適用於一側眉缺損，健側眉毛濃而寬者。可採用以下兩種術式修復。

①健眉皮瓣易位移植法：將健眉從中間橫行切開分為上下兩半，並在眉上方 2 毫米處平行眉上緣切開皮膚，皮下分離形成的內側為蒂的帶眉毛的皮瓣，其蒂與無眉側切口相連，剝離帶毛皮瓣。在患側與健側眉毛相對應的位置，切開皮膚、皮下、剝離形成創面，將健側眉毛皮瓣旋轉移植到患側創面，邊緣對位縫合。健眉創口上緣略加剝離，直接縫合，輕度加壓包紮，術後 7 天拆線。此法術後眉間遺留有切口瘢痕。

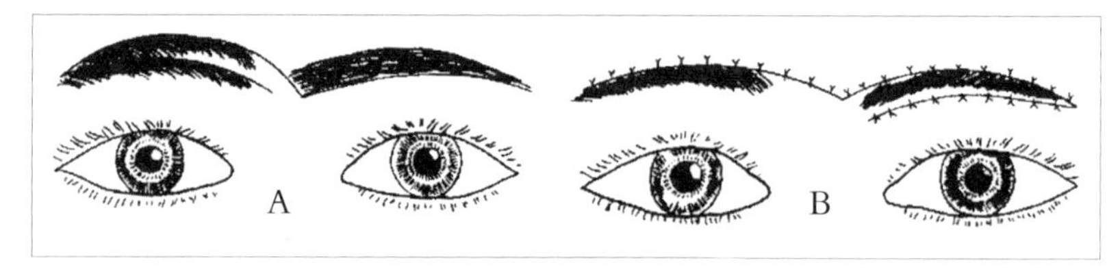

健眉皮瓣易位修復法

A. 健眉分切成兩半，上方形成眉皮瓣，患眉側皮膚切開，形成植床。

B. 將健側眉毛皮瓣，旋轉移植到患側創面，縫合。

②健眉皮片游離移植法。

術後將健側眉毛剪短，留短毛茬，在患側與健側眉毛

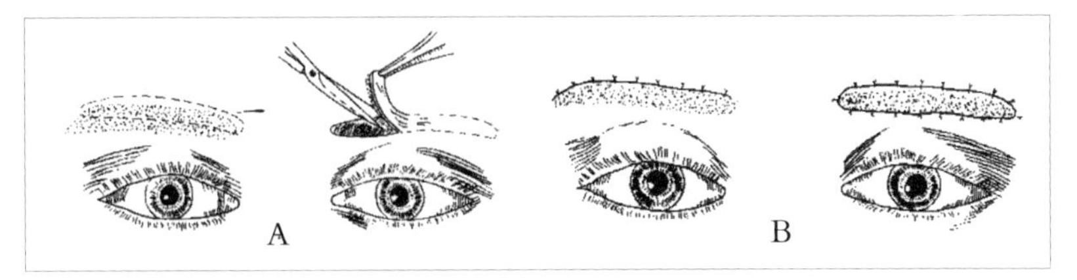

健眉皮片游離移植法

A.患側眉部切除病灶，按缺損大小在健側眉切取游離帶毛皮片。

B.移植縫合。

相對應的位置，將健側眉從中間橫行切開分為上下兩半，眉緣上方 2 公分做一切口，剝離後切取帶眉毛的游離皮膚，植入患眉創面中，術後局部包紮，10～14 天後拆線。

選用何種方法修復眉毛，應視患者具體情況而定，若患者眼眉粗密而寬大，則可利用健側眉毛的上半部修復缺損側，即健側眉毛的轉移皮瓣修復。但眼眉稀疏細密者，不易使用，髮際皮瓣的毛囊較粗，雖易成活，但外形較差。對燒傷、腫瘤等原因引起全眉缺損者，有時還是很必要的。

四、 睫毛移植

睫毛係生長於瞼緣前唇，排列成 2～3 行短而彎曲的粗毛。上下瞼緣睫毛似排排衛士，排列在臉裂邊緣，有遮光，防止灰塵、異物、汗水進入眼內，協同眼瞼對角膜、眼球的保護，故被稱為「眼的哨兵」。

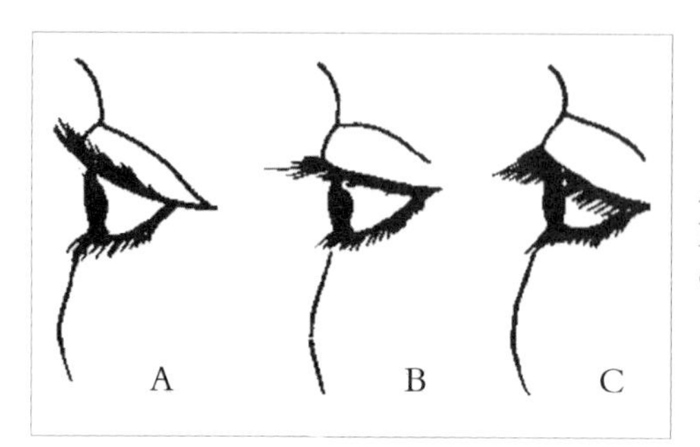

睫毛的形態

上瞼的睫毛多而長，通常有 100～150 根，長度平均為 8～12 毫米，稍向前上方彎曲生長，下睫毛短而少，約有 50～80 根，長約 6～8 毫米，稍向前下彎曲。睫毛傾斜度因人而異。

我國人群的上睫毛的傾斜度：睜眼時為 110°～130°，閉眼時為 140°～160°。下瞼睫毛傾斜度：睜眼平視時，為 90°～120°。上下瞼中央部睫毛較長且多，內眥部最短。睫毛毛囊神經豐富，故睫毛很敏感，觸動睫毛可引起瞬目反射，具保護作用。毛囊周圍有變態之汗腺和皮脂肪，它們的排泄管開口於睫毛毛囊中。

睫毛的平均壽命為 3～5 個月，不斷更新，拔去睫毛後，1 週即可長出 1～2 毫米的新睫毛，約經 10週，可達到原來長度。

細長、彎曲、烏黑、閃動富有活力的睫毛對眼型美，以至整個容貌美都具有重要的作用。因此，睫毛，特別是上瞼睫毛已成為女性面部重要修飾部位之一。

1. 睫毛缺失的原因

睫毛可因各種原因的外傷或瞼部皮膚腫瘤切除手術而缺失，黏貼假睫毛膠水撕扯亦可造成睫毛脫失，不明原因的脫失等。上瞼睫毛易惹人注目，應予修復。下瞼睫毛可不予修復。

2. 常用睫毛移植方法

常用睫毛移植方法，大多數使用眉毛移植，其次是取部分帶有眉毛或鼻毛的皮片或皮瓣移植。近年來，隨著美容整形的熱門，正常睫毛追求濃密長睫毛者則接受自體頭髮移植行睫毛再造術。

(1) 眉毛移植法：

睫毛移植越靠近瞼緣越逼真，無瞼睫毛者，切口應在

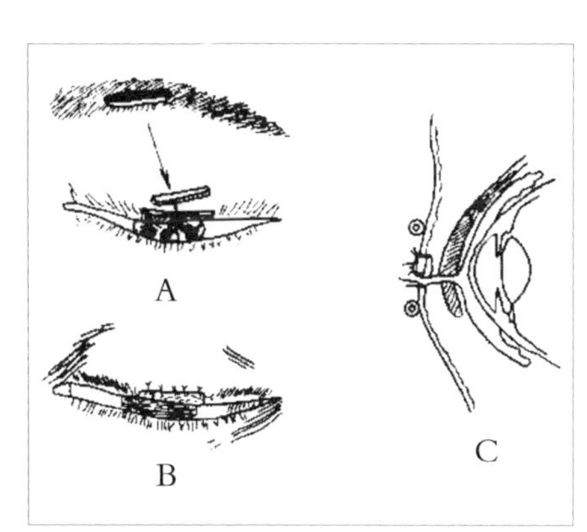

A.自同側眉中央取帶2～3行眉毛的游離皮瓣，睫毛缺損處瞼緣修製成植床。

B.將游離帶毛眉瓣移植於瞼緣植床，縫合固定。

C.側面圖示：移植片上下兩側放棉卷，防止直接壓迫移植片。

帶眉毛的游離皮片睫毛移植法

睫毛缺損部位，有睫毛者，在距瞼緣 1～2 毫米作一橫行切口，切開皮膚剝離至所需位置。在同側眉毛中部作菱形切口，切取較瞼緣切口稍長 2 毫米，寬約 2～4 毫米，包含 3～4 排眉毛，將其放入瞼緣切口，縫線固定，植睫毛區包紮，一週後拆除敷料，局部拆線。

（2）鼻毛移植法：

先用局麻藥物將鼻腔黏膜麻醉，在鼻腔內有鼻毛區取 2～3 毫米 × 15 毫米面積帶鼻毛的皮膚，上瞼睫毛約 2～5 行，下瞼睫毛約 2～3 行，按需要切取，取出鼻腔組織局部縫線並用紗條填塞即可。

修復上睫毛缺損時，在睫毛缺失處的瞼緣上方 2 毫米作與瞼緣平行的切口，後將鼻毛切入，縫線固定，植睫毛區包紮，一週後拆除敷料，局部拆線。

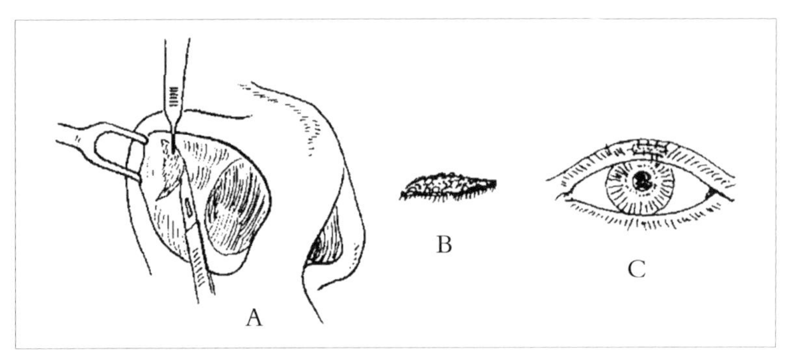

鼻毛移植行睫毛再造

A.切除帶鼻毛的皮膚；B.帶鼻毛的游離皮片；C.再造後的睫毛。

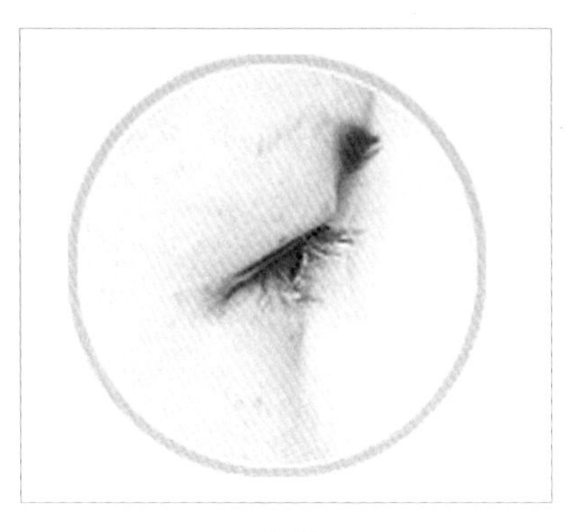

術前

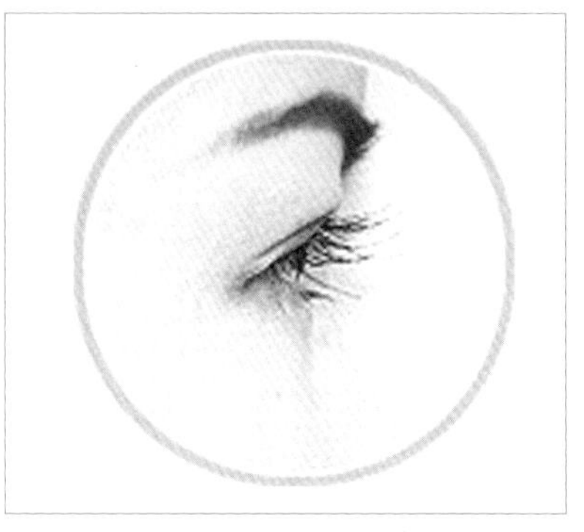

術後

（3）身體毛髮單株游離移植睫毛術：

這種方法針對適合於所有睫毛脫失患者及要求濃密睫毛愛美人士。手術在局麻下進行，取頭皮合適的部位，切口僅為1～2公分，局部縫合，無明顯切口疤痕及脫髮。在正常睫毛部位或稍上1毫米像插秧式將頭髮毛囊「種入」皮膚，局部可不作任何處理，僅見少許血痂，種植的睫毛可生長，長度由本人確定，極具美觀效果，睫毛一經種植，效果持久。

本方法操作精細，要求手術醫生有非常高的技術，方可使種植的睫毛自然逼真，成活率高，目前市場價位較高。

Beaut

生殖器整形

ul body

一、陰道緊縮術

陰道緊縮術是婦科整形手術之一，主要包括恥骨聯合部的整形及陰毛整形、陰唇整形、陰道緊縮、陰蒂成型等項目。這些整形目前在歐美白領階層中普遍流行。許多病例反映，術後夫妻生活更加和諧，有些甚至說因此而挽救了瀕於破裂的婚姻。因為某些生理上的一些不足、遺憾感、不適應，會導致心理上的排斥、拒絕和反感，從而引起夫妻間的冷漠。

以上整形術可以從生理解剖上改變了原來的不足或不適應，也就會導致心理上的改變，出現以上令人欣慰的結果。也就是說，從某種角度上講，婦科整形還解決了患者的心理問題，結果超過了手術本身。

在我國，過去由於封建傳統觀念，對婦科的缺憾常諱疾忌醫。隨著人民生活水準以及文明程度的提高，越來越多的家庭已經開始重視夫妻生活的品質，到醫院來矯正陰道鬆弛等婦科遺憾的女性日益增多。正常陰道為長 8 公分，橫徑 2.5 公分，在陰道四周有許多肌肉及韌帶，使其保持一定張力，在陰道內壁膜上，還有許多皺襞，性生活時能增加摩擦力。

由於陰道鬆弛，患者肌力減弱，韌帶肌肉鬆弛，黏膜皺襞減少，性生活時出現摩擦力的減弱，使男女雙方快感減弱甚至消失，降低了夫妻雙方的生活品質。陰道鬆弛經常出現在分娩後，陰道黏膜、肌肉等軟組織鬆弛，甚至陰道裂傷，陳舊性會陰撕裂。個別先天性原因也能造成陰道鬆弛。解決這個問題的最佳辦法就是行陰道縮緊整形術。

性交時，陰道的收縮程度是由以下的幾種因素決定的：

（1）陰道的構造及解剖學大小。

（2）肌力因素：

固定支援陰道的肌肉有陰道入口處的球海綿體肌、陰道口而上至陰道全長 1/4 的生殖隔、陰道口而上至陰道 1/3 處的陰道括約肌。這些肌肉在性興奮時陰道收縮性快感中起主要作用。

（3）容積因素：

陰道上 2/3 沒有直接支援組織，間接的支援物為膀胱下部、直腸前壁，這些空腔器官充盈時，對陰道有直接壓迫作用。

手術前，要停止吸菸。因阿司匹林和某些抗炎藥物會引起出血增加，故手術前一段時間應停用這些藥物。

陰道縮緊術是一個不太複雜的手術，但是由於個體要求不同，陰道緊縮術的方法也不完全相同。在局麻下可完成此手術，麻醉藥物為 0.5%利多卡因加 1：20萬的腎上腺素。手術時取膀胱截石位，要嚴格消毒周圍皮膚及沖洗陰道，術中仔細止血，術後陰道內可填塞紗布預防血腫。要求手術後陰道內可容下二指。

主要方法有兩種，一種是直接去除陰道後壁的部分黏膜，暴露出提肛肌，止血後，重新收緊提肛肌，然後直接黏膜以達到緊縮目的。另外是一種為不損傷陰道黏膜的陰道緊縮術。

術前要和整形科醫師仔細探討，根據情況選擇合適的手術方法，來達到手術最佳效果，手術主要目的就是加強陰道的張力和增加興奮性。時間最好選擇在月經乾淨後至月經前 10 天進行，手術時間不長，創傷比較較小，一般無需住院。必要時也可住院觀察 12 天，手術後要臥床休息 12～24 小時，避免劇烈活動，口服抗生素預防感染。用 1/5000 高錳酸鉀坐浴，每天兩次，共 7～10 天。不需要拆線，手術後 6 週內禁止性生活。

在術後早期應避免過力、彎腰和舉重物。一般在術後 1～2 週可恢復工作，4 週可恢復體育鍛鍊。

陰道緊縮手術的效果是持久的，陰道緊縮術可以改善因陰道鬆弛造成的性生活問題，但並非任何一個外科醫生或婦科醫生都能勝任這一工作，那些有意進行此類整形的女士，要慎重選擇整形醫生。而有些廣告上所稱的注射法或陰道內填塞藥物而達到縮緊陰道的方法，要嘛對人體有傷害，要嘛不衛生，或不能從根本上解決問題，維持效果時間短，選擇時一定要慎重。

二、處女膜修補術

處女膜是覆蓋在女性陰道外口的一塊中空的薄膜，大約 1～2 毫米厚，膜的正反兩面都是濕潤的黏膜，兩層黏膜之間含有結締組織、微血管和神經末梢，中間的小孔叫處女膜孔。處女膜孔的直徑約為 1～1.5 公分，通常為圓形、橢圓形或鋸齒形；有的呈半月形，膜孔偏於一側，有的為隔形孔，有兩個小孔作上下或左右並列；有的有很多分散的小孔，就像篩子上的小孔。

青春期前由於卵巢分泌的雌激素很少，這時陰道黏膜薄，皺襞少，故抵抗力差，處女膜有阻擋細菌入侵陰道的保護作用；青春期後，隨著卵巢的發育，體內雌激素增多，陰道抵抗力有所加強，處女膜就逐漸失去了作用。處女膜孔是生理所必須的，女子成熟後，每月一次的月經血就是通過這個小孔排出體外的，如果膜上沒有小孔，則每月的月經血被擋住而不能排出體外，醫學上叫處女膜閉鎖。如果沒有及時發現，月經血在陰道內積聚，成年累月以後可向上擴展到子宮腔和輸卵管，由輸卵管的遠端開口，流入腹腔中，使輸卵管破損，腸管黏連，腹腔感染。

傳統思想認為，新婚之夜見紅（處女膜出血）就是處女，表現出女人的純潔和無暇，如果未見紅，則預示著其女婚前不貞。

不錯，絕大多數女性在第一次性交時，陰莖插入後會致使處女膜一處或多處被撕裂出血，但也有少數女性的處女膜非常柔韌，並富於彈性，雖經多次性交也不破裂，有人直至生育第一胎時處女膜才破裂，形成處女膜裂痕。還有的女性在勞動、運動過程中也會損傷處女膜，所以，以見紅與否或處女膜是否完整來判斷一個女性是否有無性生活史不夠準確。

處女膜修補就是設法將已破壞的處女膜重新還原或再造一個新的處女膜。這類處女膜再造術的開展在我國和一些發達國家，如美國、日本也只是近十幾年的事。雖然發達國家在性方面開放，然而仍有一些人同中國傳統思想一樣，對處女膜的問題很看重，像有的人在婚後的爭吵中也會把女方婚前失身的事做為攻擊的話題，在日本有一些男子還把妻子的這個缺憾作為自己約會情人的理由。

中華民族是一個相對保守的民族，長期受封建思想的影響，多數男子都希望自己妻子的「第一次」屬於自己，對新婚處女膜見紅更是看得非常重。在這樣的情形下，處女膜修補與再造就顯得特別重要了。

對女青年進行這類手術，不僅僅恢復處女膜的完整，更重要的是從心理上醫治了她，同時也恢復了心理平衡。從這方面說無論是對整個社會還是對她們自己都是大有好處的。對於因各種原因在婚前失身，或其他原因造成處女膜破裂的女性，如果渴求處女膜的完整，那麼，最理想的辦法就是求助於整容醫生，經過處女膜修補或再造，可以使她們恢復自信和希望。

處女膜修補手術多在局麻下進行，麻醉配方為0.5%利多卡因 20 毫升加 2 滴腎上腺素。手術前要全面進行婦科檢查，如有其他感染性疾病應暫緩手術。手術前三天沖洗陰道，每日至少 1 次。

手術後每日用過氧化氫溶液清潔手術區，塗以少許抗生素軟膏；術後三天內臥床，7 天內避免過度行走。手術並不複雜，以碘酒消毒外陰部和陰道口，麻醉後用剪刀將破裂處的處女膜剪整齊，再用 6/0 可吸收線做內外兩層縫合，使處女膜孔僅能通過一小指。術畢塗少許抗生素軟膏，術後每日用1：5000PP 粉液，清洗外陰部以預防感染，術後不需要拆線。

術中，患者基本上無痛感，經手術再造後的處女膜一般在一至兩個月後就能恢復如初。手術最好在月經剛結束後進行，以避開月經污染及衝擊。手術後 1 週內應進半流質飲食，避免大便乾燥。

三、 陰莖增粗術

陰莖發育不良、短小、大部分缺損，常給患者和家人帶來極大的痛苦和精神折磨，陰莖增粗手術能夠幫助他們減少壓力找回快樂。但必須嚴格掌握手術適應症，不能濫做。臨床上往往發現有很多男性在性生活中不能一展雄風，不能讓其性夥伴達到所謂的高潮和滿足，就怪自己陰莖太短小，其實不然，根本原因是軟體（性知識，性技巧）不行，怪不了硬體（陰莖）。

醫生給這類病人檢查後，發現其中絕大多數陰莖發育均正常，經過醫生的細心解釋、心理治療和技術指導，往往都能重新找回自我，無需手術。

正常的陰莖有多粗呢？一般認為常態下最大周長為11公分，最小周長為5.5公分，平均為8.1公分；勃起最大周長為14.5公分，最小周長為8公分，平均11.1公分。

有關陰莖短小的問題有幾個誤區，其中最重要的是有不少人（包括男性和女性）都認為，常態下陰莖長短粗細是很重要的，其實，常態下陰莖的長短粗細對性功能的評估似乎沒有太大的現實意義，也不能作為評價陰莖功能的主要指標，所以並不是常態下越粗越好。真正的標準應該是以勃起的效率為標準來評價陰莖。

陰莖的長短和粗細和性生活的質量有一定的關係。但是，並非起決定性的作用。在陰莖有一定的長度和周徑的情況下，性生活的美滿程度主要取決於性交當事人雙方當時的心理狀態、彼此的情感交流、體力及精神狀態。有的時候，也與雙方選擇的地點、性交方式、體位等因素有關。

單一的陰莖的增粗術在臨床上較少，一般都是在做延長術後，再用皮瓣、自體脂肪移植等方法加粗陰莖。傳統陰莖增粗術，是在陰莖的表皮和海綿體之間填進脂肪、皮瓣或施行陰莖假體植入術，這些方法只是增大了陰莖的外殼，而不能獲得正常的生理功能。

2000年3月，廣州中山醫科大學孫逸仙紀念醫院張金明博士，為一名陰莖短小的青年實施海綿體加大手術，使病人陰莖的直徑由原來的3公分增加到4公分。有媒體報導稱，這是國內成功實施的第一例海綿體加大手術。其原理是，經由移植病人的血管組織加大海綿體的直徑。但有的專家對海綿體加大手術做低調評價：這種方法由於受本身發育不良的陰莖海綿體的限制，術後陰莖增大的程度極其有限，風險也較大。

還有英捷爾法勒注入法，雖然不用開刀，無痕，但臨床不穩定，效果不確切，且易發生移動。已經出現了因使用英捷爾法勒豐乳和陰莖增粗而導致乳房或陰莖壞死的病例。所以醫生在選擇此類手術時，也非常慎重。

陰莖增粗還可採用人體其他部位的脂肪或真皮，經處理後，通過游離移植或注射植入陰莖的皮下，達到增粗陰莖的目的，但也有吸收率較高，不易加壓固定等問題。

陰莖增粗手術一定要在男性成年後，陰莖完全發育後才可進行，陰莖增粗手術本身對於機體也是一種創傷，術後陰莖會有暫時充血、水腫，需要一個修復過程，一般認為術後 1 月內不宜過性生活。

手術者對此要有足夠的認識和心理準備，第一次性生活時，妻子應體貼、配合丈夫，相互交流彼此的感受，共同達到愛的顛峰。

脫離了性生活的婚姻是難以想像的，在婚姻中，因性的不滿足而解體的婚姻並不少見。我們經常見到，由於先天發育的原因，很多看上去很健康、體格粗壯的人卻存在著生殖器發育短小的問題，這種徵象常常在心理上給他們造成一種壓抑感，未婚時怕進集體浴池洗澡，怕在人多時上廁所，性格孤僻內向，婚後由於性生活不和諧，常受妻

子的歧視，甚至聲稱是殘疾人，使他們在生活和工作中難以抬頭做人。

陰莖增粗術後由於形態上的改變，夫妻生活比較和諧，它不僅是改變了陰莖的形態，更重要的是醫治了他們心靈上的痛苦，這項手術對存在有先天缺陷，或對此有所要求的人帶來福音。

最後必須強調的是：從醫學科學的角度來談，陰莖的偏小偏細絕不是（也不能是）選擇手術的惟一、絕對的理由。目前，社會上的一些小醫院、小診所濫宣傳，嚴重誤導民眾，有的宣傳大大地誇大了手術的作用，過分強調了短小陰莖對性生活的影響，這是非常不嚴肅的態度。如果這一點不能及時的控制和糾正，陰莖整形手術勢必氾濫成災，也是「美容變毀容」。

四、 陰莖延長術

正常中國成年男人的陰莖長度（活動部分）正常狀下約為 4.5～11.0 公分，平均長度為 7.1±1.5 公分。勃起時長度約為 10.7～16.5 公分，平均為 13.0±1.3 公分，陰莖的皮下組織疏鬆，無脂肪，皮膚有很大的伸展性和滑動性。

女性陰蒂、陰唇及陰道口由機體神經支配，為性刺激的高敏感區。如果在性交活動中能反覆從宮頸達穹隆，這無疑對男女雙方都是一種強烈的性快感刺激。要想達到這種刺激，除了有正常的性功能外，陰莖的長度在勃起時不得短於 13 公分，否則將達不到這種效果。

如果男性陰莖勃起時小於這個長度，又嘗試過很多辦法，夫妻性生活仍很不如意的，就可考慮做陰莖延長手術。不過，做此手術有個條件，那就是肝臟、心臟、肺、腎臟等重要器官功能正常，身體健康，因為此手術畢竟是錦上添花的事，如果因此給身體造成傷害，那是得不償失的。

隨著大家對性生活品質要求的提高，做陰莖延長手術的人比前幾年成倍的增長。但有些人並不是很有必要做。前文已述，從現代醫學觀點來看，陰莖長短和粗細並不是很影響性生活品質的唯一決定因素，還與其他多種因素有關。那種一味追求陰莖粗大的想法是不合適的。

在市場上，還有一些塗抹陰莖的外用藥的在陰莖上注射的藥液，號稱可以延長陰莖，這些藥最好不要採用。不僅不能達到理想中的效果，而且會造成一定的身體傷害。

1. 陰莖延長術的適用人群

（1）陰莖發育不良，勃起時陰莖長度不足 10 公分。且不能滿足女方性要求者可做陰莖延長術。

（2）陰莖大部分缺損，勃起時長度一般僅為 3～5公分。這種陰莖可採用陰莖海綿延伸術，切斷陰莖淺深懸韌帶至恥骨處，使埋藏於恥骨聯合前方的海綿體成為有利部分，從而增加陰莖的有效長度，再用腹股溝島狀皮瓣修復海綿體被延長後的皮膚缺損創面。這種術式不僅可使陰莖延伸至接近正常的長度，而且具有正常的勃起和感覺功能。

（3）小陰莖勃起時，其長度和周徑在 5～8 公分之間，在作陰莖加粗術的同時，作陰莖延長術有利於陰莖的形狀接近正常。

（4）先天性陰莖異位畸形，可根據病情採用陰莖延長術使陰莖延長。

（5）對陰莖靜脈漏性陽痿，在作陰莖深、淺靜脈結紮的同時作陰莖延長術，常能取得更好的療效。

在作手術前，應作好陰部清潔工作，術前先吃一週抑制陰莖勃起的藥，2 個月內不能同房，同時限制劇烈運動，術後陰莖會有一段時間的水腫。

2. 手術方法

手術一般有三種方法：殘端延伸法；切斷陰莖淺懸韌帶脂肪瓣填塞法；恥骨前陰莖海綿體延長法。

武漢大學人民醫院整形外科龍道疇教授發明的龍式陰莖延長術獲得 2000 年國家技術發明獎，是目前湖北省醫藥衛生界獲得的最高獎，可延長陰莖 57 毫米，具有勃起、感覺和生育功能。

此手術方法的醫理是：陰莖由三部分組成，兩個陰莖海綿體和一個尿道海綿體，能附著於人體上是靠兩側陰莖海綿體腳附著恥骨上。整個陰莖分為體外、體內兩部分。體內的要比體外的長，陰莖延長術就是通過切斷陰莖淺懸韌帶和深懸韌帶，從而把藏在體內的陰莖海綿體釋放一部分出來，使陰莖外露部分增加。實踐證明，手術不會影響性慾，能極大地提高性生活品質。

正常人選擇此種手術時要慎重。因為手術也存在感染皮瓣壞死、切口疤痕增生等併發症，另外，過長過粗的陰莖也會對女性生殖器造成一定的傷害。

Beaut

光子美容

雷射技術產生於20世紀60年代初，與原子能、半導體及電腦並稱為二十世紀四大發明。鐳射因其具有的特殊性能如高亮度，方向性極好等特點獲得廣泛應用。三十多年以來以雷射器為基礎的雷射技術得到迅速發展，現已廣泛應用於工業生產、通訊、資訊處理、醫療、軍事、文化教育等多個領域，對科技與社會發展做出卓越貢獻，並正發揮愈來愈重要作用。

雷射技術與醫學科學相結合形成的邊緣學科——鐳射醫學，不僅為研究生命科學和疾病的發生、發展開闢了新的途徑，而且為臨床診治疾病提供嶄新的手段。

伴隨著雷射技術的發展，在20世紀80年代初產生的一種被稱為強脈沖光的光源（Intense Pulsed Light ，簡稱為IPC）也迅速在臨床治療中取得令人矚目的效果。這一技術可以發出高強度亮光，利用選擇性光熱作用進行多種皮膚損傷的修復，有效延緩皮膚衰老。

一、光子嫩膚

1. 光子嫩膚技術概述

光子嫩膚的概念起源於美國，譯自Photorejuvenation，本意是「光返老還童術」，從字面上解釋，就是利用強脈沖光恢復的年輕態和健康態，是目前世界上一種革命性的美容治療方法。它採用強脈沖技術，可在不損傷正常皮膚組織前提下清除面部各種色素性和血管性斑塊，同時刺激原組織增生，恢復皮膚彈性使得面部皮膚質地得到整體提升，重新煥發出健康狀態。它提供安全、非介入方法能適應不同的皮膚狀態。

光子嫩膚的治療機理為：

（1）選擇性光熱能原理：

利用皮膚病變中所含各種色素明顯多於正常皮膚組織的特點，特定寬光譜的強脈沖光能夠穿透表皮，被皮膚組織中的色素團較大量地吸收，在不破壞正常皮膚的前提下使血管凝固，色素團和色素細胞破裂分解，從而達到治療毛細血管擴張、色素斑的效果。

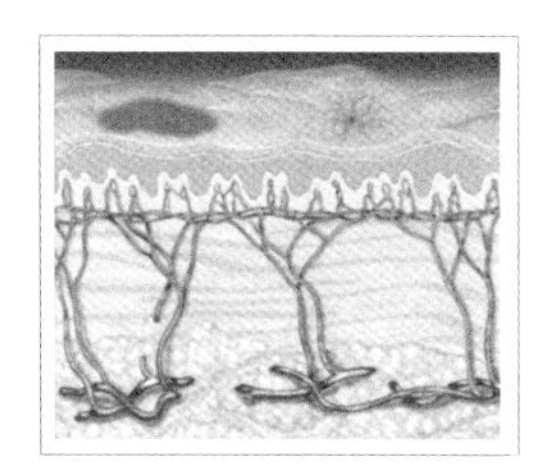

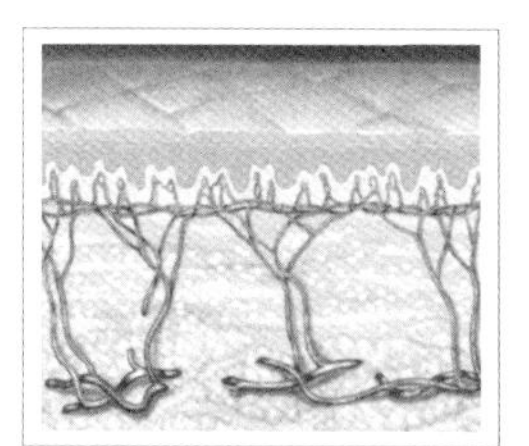

光子嫩膚治療機理

（2）生物刺激效應：

光子嫩膚儀特定寬光譜的強脈沖光作用於皮膚組織產生光熱作用和光化學作用，使深部的膠原纖維和彈力纖維全新排列組合，並恢復彈性，同時，血管彈性增強，循環改善。這些作用的共同存在令面部皮膚皺紋消除或減輕，毛孔縮小。

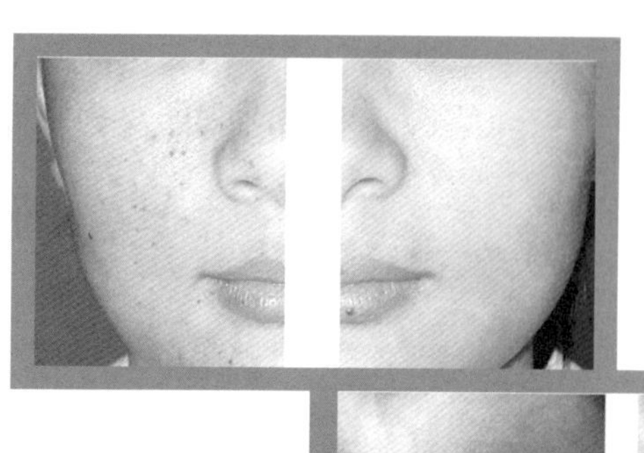

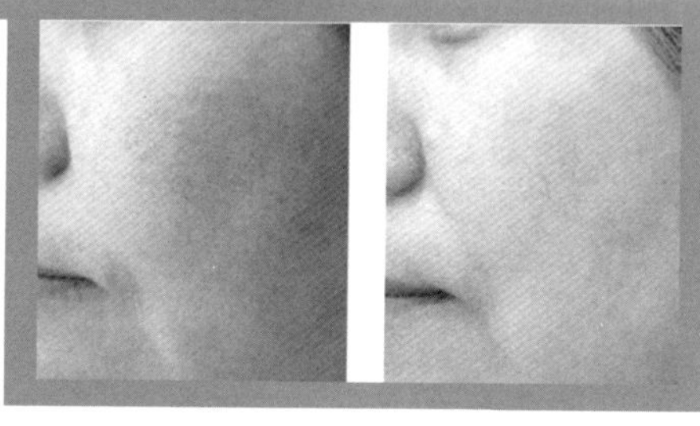

光子嫩膚的臨床效果

2. 光子嫩膚適應症

光子嫩膚能最大程度地清除或減淡各種斑和年齡斑；去除面部紅血絲（毛細血管擴張）和紅斑痤瘡；增厚肌層膠原層，增強皮膚彈性；撫平細小皺紋；收縮粗大氣孔；顯著改善面部皮膚粗糙的狀況；消除或減淡痤瘡疤痕。

3. 光子嫩膚相對禁忌症

（1）近期（一個月）接受過或有可能在治療後（一個月）受陽光暴曬的患者。

（2）孕婦。孕婦是生理和心理上處於非常時期的人群。理論上，強光並不會對孕婦及胎兒產生不良影響，若孕婦由於其他因素導致流產或畸胎，可能引發不必要的糾紛。

（3）癲癇病患者、糖尿病患者、有出血傾向的患者。強光對皮膚是一種刺激，可能誘發癲癇病患者發病；糖尿病患者的晚期併發症會使血管硬化，脆性增加，若接受強光照射可能形成紫癜；有出血傾向的患者，如特發性血小板減少、白血病等，強光可能引起大片瘀斑。

（4）嚴重的心臟病、高血壓患者。這是一類高危人群，任何不良刺激都可能導致發病甚至生命危險。

（5）瘢痕體質和治療部位皮膚有感染的患者。因瘢痕體質的人可能並非傷口，僅僅是搔抓或機械刺激都可能形成瘢痕疙瘩，而強光的刺激可能引發相同的反應。當然，這樣的人非常少且透過詢問病史不難發現。強光也可能使受照部位的感染灶擴散。

（6）光敏性皮膚及使用過光敏性藥物的人群。人群中有極少數人可能因光照引發類似其他過敏反應的症狀，如：皮膚瘙癢、紅腫、起疹等，一般這樣的人自己知道病史；有些人因治療的需要，服用一些光敏性藥物，如：血卟啉、補骨脂素等，還有一些常用的藥物可能產生光敏反應，如：磺胺類、四環素、氯霉素、雷米封、氯丙嗪、奮乃靜、矽尼丁、炎痛喜康、卡馬西平、降糖靈等，在詢問病史及藥物史時應注意。

（7）懷疑有皮膚癌的患者。強光的刺激可能使癌細胞擴散，病程加快。

（8）存有不現實期望的患者。光子嫩膚的確有永久脫毛的神奇效果，能讓大多數人滿意。也有少數患者希望光子嫩膚達到其想像中的效果，並要求籤下合同，這樣的患者通過諮詢、溝通後仍不能做出理智選擇，可放棄治療。

4. 併發症的處理

（1）輕度紅腫：

皮膚表現：治療後 1～2 小時皮膚輕微發紅。

造成原因：這是光子嫩膚術後的正常反應。

解決方方案：用冰袋冷敷直到治療區域感覺無灼熱感為止，患者回家後可用涼水濕毛巾敷面、用冷水洗臉。

（2）中度紅腫：

皮膚表現：治療後 1～2 天皮膚持續發紅並伴有水腫。

造成原因：能量過高、顧客對光過敏、術後曬太陽、有皮膚病等。

解決方案：涼水濕毛巾敷面、用冷水洗臉。水腫嚴重的可用 500 毫升生理鹽水 + 40 萬單位慶大黴素 + 10 毫克地塞米松配置成溶液，放在冷藏櫃，用時取出用毛巾濕敷。

（3）重度紅腫：

皮膚表現：治療後 1～2 週皮膚持續水腫、滲液甚至糜爛。

造成原因：能量過高、顧客對光過敏、術後曬太陽、有皮膚病等。

解決方案：一般情況可用中度紅腫的解決方法。嚴重者可口服頭孢拉定或強地松 5 毫克，一天三次，一次二片。也可靜脈注射或靜脈滴注：5%葡萄糖 500 毫升，先鋒 5# 或 6#3–5 克；但不主張用青黴素，青黴素易過敏，最好不用（注意對先鋒和青黴素交叉過敏的人群）或用慶大黴素 24 萬單位 + 地塞米松 5 毫克。2～3 天可消腫（注射天數根據病情而定）。

（4）色素沉著：

造成原因：能量選擇過大、病例選擇不合適、治療前後日曬。

解決方案：千萬不可再曬太陽。大部分顧客在色沉完全恢復前不要再進行光子嫩膚治療；色沉嚴重的，可用調 QNd：YAG1064 納米鐳射進行治療；口服維生素 C、維生素 E 或外塗維生素C 合成霜、氫醌霜、雙氧水防止色素的生成。

（5）面部結痂、起水疱：

這種情況很少見，除非是能量過大引起的。

解決方案：等痂皮自行脫落，切不可用手剝脫；疱不要弄破，可以用消炎藥水濕敷。直到水疱乾涸結痂後，可用抗生素軟膏如紅黴素、四環素等藥物外擦，促使痂皮儘快脫落。

（6）色素脫失：

解決方案：局部用藥，促使其色素細胞再生；利用低能量鐳射照射等；使用中醫梅花針，局部敲打；補骨脂搗碎後取 10 克 + 100 毫升酒精或白酒配置成 10%溶液，如塗

抹後出現紅腫或水疱，則稀釋後繼續使用。也可使用「敏白靈」等藥膏。

(7)面部起疹子：

造成原因：多發於青春期面部長有痤瘡的顧客，光子嫩膚治療後促使皮脂腺增生。

解決方案：使用抗生素治療，如抗結核藥物：0.15克利福平，一天三次（服藥期間，小便呈紅色，是正常反應）。使用女性雌性激素藥——乙烯雌酚，一天二次，一次1毫克，一個週期為20天（此藥要慎用，服藥期間易致不孕不育；經期前後不用此藥）。

5. 治療後跟蹤服務

治療後美容師對顧客的電話跟蹤服務分為三個階段：

第一階段，治療後2天 電話回訪瞭解患者的皮膚狀況，及時解決顧客的疑慮。

第二階段，治療後一週。電話回訪瞭解患者的皮膚改善情況，增強其信心。

第三階段，治療後三週。下一次治療前電話預約。

二、光子脫毛

毛髮異常生長部位主要集中在腋下、雙上肢和雙下肢及女性上唇部、男性腮部頸部和胸部等。光子脫毛術是寬光譜技術，提供一種柔和、非界入性的療法，其發射的特

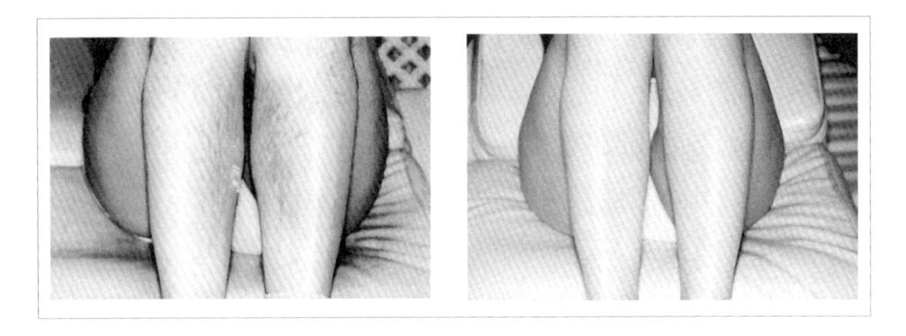

小腿部光子脫毛前後對比

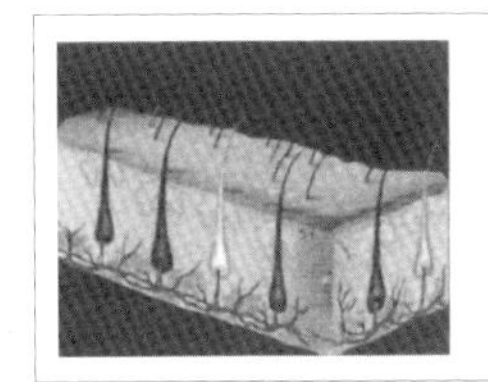
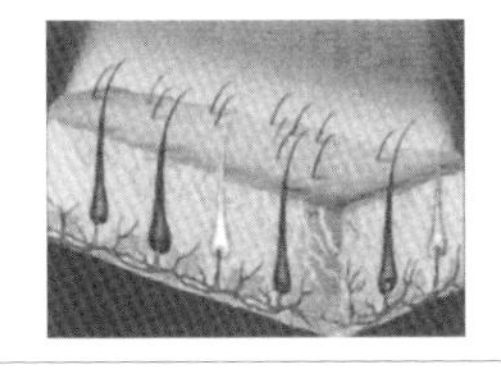
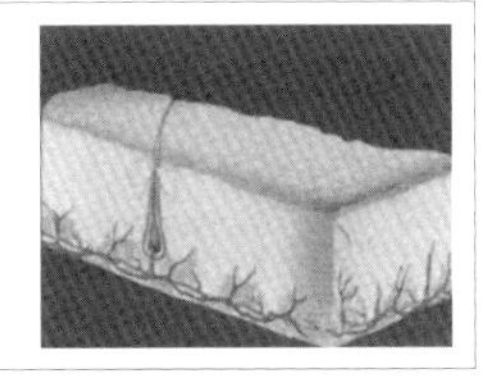

光子脫毛原理圖

殊波段強脈沖光可穿透皮膚直達毛囊深部，從而使毛囊溫度迅速升高直至凝固、壞死，達到永久性去除毛髮的效果。光子脫毛術時間短，術後即可進行日常活動和體育鍛鍊，無需特別護理，具有快速、痛苦小、效果持久，對表皮無損傷等優點，明顯優於其他傳統脫毛方法。

1. 光子脫毛相對禁忌症

（1）開放的傷口：

強光可能引起開放的傷口繼發感染、癒合延遲。

（2）美人痣／巨痣／獸紋痣上的毛髮：

所謂的各種「痣」，均由痣細胞組成，而強光的刺激可能引起痣細胞的惡性病變，且長在痣上的毛髮因為痣細胞的遮擋，強光無法滲透到毛根，也難以被去除。

（3）白色毛髮：

白色毛髮因為不含黑素顆粒，不能成為有效的靶組織，因而難以能被去除。

其餘同光子嫩膚。

2. 光子脫毛的療程安排

根據顧客毛髮的濃密情況，一個療程可安排 3～5 次治療，每次治療的間隔時間可依顧客毛髮生長速度而定，經一次治療後，治療區域出現長到 1 毫米以上的毛髮時則可以進行新一次治療，此時間週期通常為 4 週。

3. 操作程式

（1）篩選患者。同所有美容療程一樣，合適的患者選擇是獲得理想治療效果的關鍵。

（2）相關歷史詢問。包括患者使用過的脫毛方法、既往過敏史、經常和正在服用的藥品、皮膚感染狀況及日曬情況等，排除禁忌症。

（3）詳細對治療進行介紹。為患者及時解答其所有的疑問。

（4）拍照。為獲得較好的對比效果，每次治療前及最後一次治療後 4 週拍照，作為治療前後效果對比的依據。

注意：照片對比是療效對比最好的對照說明依據。未作照片存檔，可能因療效引發醫患糾紛！建議對顧客照片進行編號，以便日後對比查找。

（5）將治療區域毛髮進行修剪。

（6）根據顧客需要在術前 30 分鐘施用麻醉膏。

4. 操作步驟

（1）請患者躺在治療床，戴上強光專業防護眼鏡，暴露患者待治療區域，若患者已將毛髮完全剃淨，則以肥皂水清潔治療區域；若顧客尚未修剪，則將治療區毛髮剃淨，並清潔乾淨，使用酒精清潔後，要待其乾燥，以免發生意外傷害。

（2）視患者要求決定是否使用表面麻醉膏，若需要，則在表麻後 30 分鐘方再進行脫毛治療。

（3）根據患者的實際狀況設置合適的參數。以有效能量按一定次序掃描治療區域毛髮。若治療過程發現病人皮膚呈深度紅腫等不良反應，必須立即停止治療。

（4）全部照射一遍後，觀察 5 分鐘，若局部皮膚不太紅且某些毛髮沿未全部變焦或變黑，可在重要部位照射第二遍。禁止光斑重疊！光斑重疊會造成皮膚紅腫水泡等副反應。如有遺漏的治療區域，可在下次治療時補做。

（5）治療完畢，以壓舌板將光耦合劑刮乾淨，並以冷水清洗乾淨，冰敷至少 20 分鐘直至治療區域皮膚不再發紅。

5. 併發症的處理

詳情參考光子嫩膚。

6. 治療後跟蹤服務

第一階段，治療後 2 天 瞭解患者的毛髮脫除情況，及時解決患者的疑慮

第二階段，治療後一週 瞭解患者的毛髮生長情況，增強其信心

第三階段，治療後三～四週（根據毛髮生長速度而定）通知患者下一次治療的時間，做好預約。

四、其他光子美容項目

鐳射除了能具備嫩膚、脫毛美容功能外，還具備可治療血管性病變，如鮮紅斑痣、血管瘤（草莓狀），蜘蛛痣、毛細血管擴張等，以及治療色素性疾病、太田痣、雀斑、黃褐斑等功能。隨著雷射技術的不斷發展與成熟，鐳射會越來越多、越來越好地用在美容中。

養生保健 古今養生保健法 强身健體增加身體免疫力

1 醫療養生氣功 定價250元

2 醫療養生氣功 —

2 中國氣功圖譜 定價250元

3 少林醫療氣功精粹 定價250元

4 龍形實用氣功 定價220元

5 魚戲增視強身氣功 定價220元

7 道家玄牝氣功 定價200元

8 仙家秘傳祛病功 定價160元

9 少林十大健身功 定價180元

10 中國自控氣功 定價250元

11 醫療防癌氣功 定價250元

12 醫療強身氣功 定價250元

13 醫療點穴氣功 定價250元

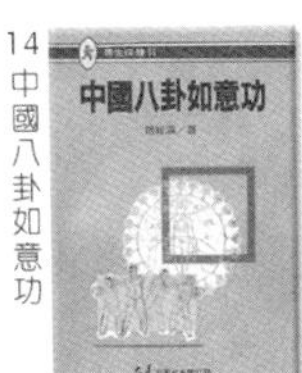

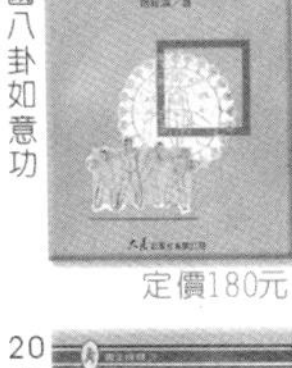

14 中國八卦如意功 定價180元

15 正宗馬禮堂養氣功 定價420元

16 秘傳道家筋經內丹功 定價300元

17 三元開慧功 定價250元

18 防癌治癌新氣功 定價180元

19 禪定與佛家氣功修煉 定價200元

20 顛倒之術 定價360元

21 簡明氣功辭典 定價360元

22 八卦三合功 定價230元

23 朱砂掌健身養生功 定價250元

24 抗老功 定價230元

25 意氣按穴排濁自療法 定價250元

27 健身祛病小功法 定價200元

28 張氏太極混元功 定價250元

30 中國少林禪密功 定價200元

31 郭林新氣功 定價400元

32 八卦之源與健身養生 定價280元

33 現代原始氣功1 定價400元

34 養生開脈太極 定價300元

35 通靈功－養生祛病及入門功法 定價300元

37 太極內功養生法 定價180元

太極跤

1 太極防身術

定價300元

2 擒拿術

定價280元

3 中國式摔角

定價350元

簡化太極拳

1 陳式太極拳十三式

定價200元

2 楊式太極拳十三式

定價200元

3 吳式太極拳十三式

定價200元

4 武式太極拳十三式

定價200元

5 孫式太極拳十三式

定價200元

6 趙堡太極拳十三式

定價200元

原地太極拳

1 原地綜合太極二十四式

定價220元

2 原地活步太極四十二式

定價200元

3 原地簡化太極拳二十四式

定價200元

4 原地太極拳十二式

定價200元

5 原地青少年太極拳二十二式

定價220元

6 原地兒童太極拳十捶十六式

定價180元

國家圖書館出版品預行編目資料

整形打造美麗／任　軍　主編
——初版，——臺北市，大展，2008〔民 97.05〕
面；21 公分 ——（快樂健美站；24）
ISBN 978－957－468－609－4（平裝）
1.整形外科　2.美容手術
425.7　　97004158

整形打造美麗

ISBN 978－957－468－609－4

主　　編／任　　軍
責任編輯／曾 凡 亮
發 行 人／蔡 森 明
出 版 者／大展出版社有限公司
社　　址／台北市北投區（石牌）致遠一路 2 段 12 巷 1 號
電　　話／（02）28236031・28236033・28233123
傳　　眞／（02）28272069
郵政劃撥／01669551
網　　址／www.dah-jaan.com.tw
E－mail／service@dah-jaan.com.tw
登 記 證／局版臺業字第 2171 號
承 印 者／傳興印刷有限公司
裝　　訂／建鑫裝訂有限公司
排 版 者／弘益電腦排版有限公司
授 權 者／湖北科學技術出版社
初版 1 刷／2008 年（民 97 年）5 月

定　價／250 元

大展好書　好書大展

品嘗好書　冠群可期

大展好書　好書大展

品嘗好書　冠群可期